COMPRA BÉ, MENJA MILLOR

Amat *editorial*

Amat Editorial és un segell editorial especialitzat en la publicació de temes que ajuden a fer que la teva vida sigui cada dia millor. Amb més de 400 títols en catàleg, ofereix respostes i solucions a les temàtiques:

- Educació i família.
- Alimentació i nutrició.
- Salut i benestar.
- Desenvolupament i superació personal.
- Amor i parella.
- Esport, fitness i temps lliure.
- Ment, cos i esperit.

E-books:
Tots els títols disponibles en format digital són a totes les plataformes del món de distribució d'e-books.

Per estar informat:
Uniu-vos al grup de persones interessades a rebre, de forma totalment gratuïta, informació periòdica, *newsletters* de les nostres publicacions i novetats a través del QR:

On seguir-nos:

 | @amateditorial

    | **Amat Editorial**

El nostre servei d'atenció al client:
Telèfon: **+34 934 109 793**
E-mail: **info@profiteditorial.com**

DR. ÀLEX YÁÑEZ DE LA CAL

COMPRA BÉ, MENJA MILLOR

Tota la informació que necessites per fer una **COMPRA SALUDABLE**

Amat
editorial

© Àlex Yáñez de la Cal, 2024
© Profit Editorial I., S.L., 2024
    Amat Editorial és un segell de Profit Editorial I., S.L.
    Travessera de Gràcia, 18-20, 6.º 2.ª. 08021 Barcelona

Disseny de coberta i maquetació: Jordi Xicart
Imatges: Shutterstock.com, Freepik i Canvas.

ISBN: 978-84-19870-50-6
Dipòsit Legal: B 1376-2024
Primera edició: Febrer del 2024

Impressió: Gráficas Rey
Imprès a Espanya – *Printed in Spain*

A la Miriam,
per ser el millor suport
que una ment tan inquieta com la meva pugui tenir,
i per la teva manera d'empènyer-me en tot moment endavant.
T'estimo, petita.

Gràcies pare, mare i Armando
per donar-me suport i ajudar-me a arribar on soc,
no ho hauria aconseguit sense vosaltres.

❖ ÍNDEX ❖

❖ INTRODUCCIÓ ❖

Abans de començar, et vull donar les gràcies. Per tenir aquest llibre a les mans. Per obrir-lo i començar-lo a llegir amb interès, sabent que t'aportarà molts coneixements positius. Et vull donar les gràcies per haver confiat en mi per aprendre a fer una cosa tan senzilla, i alhora tan complicada, com fer la compra. Gràcies, doncs, per creure, com jo, que comprar millor és cuidar la teva salut.

I també et vull donar l'enhorabona, perquè estàs invertint el teu temps en salut i a cuidar-te. Sabem que el temps és un dels béns més escassos de la nostra societat, per això t'animo a utilitzar-lo bé llegint aquest llibre, perquè, un cop tinguis interioritzats tots els consells que t'hi donaré, la teva compra serà més simple, més sàvia, més sana i més efectiva. Ja saps que els grans canvis comencen amb petits passos. Tu acabes de fer un primer pas, ferm i essencial, per cuidar millor la teva salut; i no tothom està disposat a fer-lo. Enhorabona!

Potser ja em coneixes d'alguna xarxa social, com Instagram, on vaig ser el primer nutricionista espanyol que va començar a recórrer els passadissos dels supermercats amunt i avall analitzant tots els aliments per trobar els més sans i, també, per descartar aquells que no ho eren. Si busques els *hashtags* #yanezapto o #yaneznoapto trobaràs més de 3.000 referències d'aliments analitzats en més de 30 supermercats diferents. Sí, és una gran base de dades! Però de vegades les xarxes socials aclaparen, o no són tan fàcils de consultar quan es necessita una informació concreta sobre alguna cosa. És per això que vaig decidir escriure el llibre que tens a les mans: la meva intenció és aportar-te els coneixements necessaris perquè tu també siguis capaç d'anar recorrent els passadissos del súper sabent què et cal mirar per analitzar si un producte és saludable o no. Vull compartir amb tu la meva capacitat d'anàlisi i totes les eines que utilizto perquè puguis fer-ho pel teu compte, amb seguretat i fiabilitat.

Perquè, i vull que quedi clar ja des d'un principi, la seguretat i la fiabilitat són dos pilars fonamentals del meu mètode: tot el que diré en aquest llibre està basat en raonaments i evidències científiques. No opinaré ni diré res perquè sí; les paraules ja sabem que se les emporta el vent, però la ciència roman, és inesborrable i indiscutible.

En definitiva, espero que aquest llibre et sigui molt útil, és per això que l'he escrit, és per a tu i la teva salut. Així que et demano un favor: si et serveix, si t'ajuda, si creus que es pot millorar en algun aspecte, el que sigui, si us plau, deixa una ressenya o comenta-m'ho a les meves xarxes. M'encantaria rebre el teu *feedback*, conèixer la teva opinió i poder llegir qualsevol crítica constructiva, ja que per a mi és molt útil per anar millorant, versió a versió, aquest segon fill que és aquest llibre, després de *Los 100 mejores suplementos y alimentos que cambiarán tu vida.*

No m'allargo més, que potser has d'anar al súper! Estimat lector i #curcumino, desitjo que gaudeixis del llibre i que en treguis molt de profit.

ABANS D'ANAR A COMPRAR

T'asseus a taula amb un plat al davant, un plat que, abans, hauràs preparat a la cuina amb els ingredients que hagis escollit i seguint els passos d'una recepta; uns ingredients que, retrocedint més en el temps, hauràs anat a comprar al súper o al mercat. Per tant, ets a taula, amb la forquilla a la mà, a punt d'ingerir aquesta deliciosa menja, però ara cal que ens fem aquesta pregunta: és en aquest punt que comença tot allò relacionat amb la teva dieta? Alguns diran que sí, és clar. Som el que mengem. Bé, d'acord. Però molts d'altres diran que no, que som allò que cuinem. I tindran raó. L'elecció d'una recepta o una altra canviarà molt la nostra salut, òbviament. Però tornem a l'inici: abans d'asseure'ns a taula, abans de posar-nos a cuinar, hi ha hagut un pas previ que, sincerament, crec que és on comença la nostra dieta: la compra. Sí, som el que comprem.

Així doncs, com molts nutricionistes afirmen, la nostra dieta comença amb la llista de la compra, aquell moment tan allunyat d'un plat cuinat i fumejant. La compra és un procés clau a l'hora de planificar els nostres menús i tot el que menjarem a casa. Si la salut i la malaltia, en molts casos, com diuen els metges, entren per la boca, no podem menystenir aquest procés que comprèn fer la llista de la compra, anar al súper, seleccionar bé el que comprarem... Et semblarà un exemple molt ximple quan el llegeixis, però si saps que no has d'abusar dels dolços, no en compris, simplement redueix la teva compra de begudes ensucrades o de pastisseria, per exemple. T'ho he dit: de tan obvi sembla insultant, oi? Però el cert és que hi ha molt poques persones que respectin, als passadissos del súper, el que tenien al cap a casa mentre feien la llista de la compra. Perquè aquí, grosso modo, poden passar dues coses: o bé que sàpigues quins aliments et van bé i quins no, però que no t'organitzis i vagis a comprar una mica guiant-te pels impulsos, cedint a les temptacions o, senzillament, pensant que «bah, tampoc no em farà mal una mica d'això o d'allò»… El clàssic «un cop l'any no fa mal!». O també pot passar que compris seguint fil per randa la llista que, escrupolosament, hagis fet a casa, mirant armari per armari què és el que et fa falta, què és el que necessites, però que et faltin els coneixements o els trucs per saber si aquesta llista que respectaràs amb tots els ets i uts està ben feta, és equilibrada o es correspon amb productes sans.

Per tant, comencem pel més bàsic, perquè potser no tots cuinem, però sí que tots decidim quins productes comprarem i entren o no a casa nostra. Així doncs, et donaré alguns consells essencials, de primer de la compra, per omplir el teu carretó com cal. Pren-ne nota!

Factors interns per fer una bona compra

1. **ANAR A COMPRAR SENSE GANA.** Aquesta és la mare de totes les regles. Si vas al súper amb l'estómac buit és molt fàcil que acabis comprant per impuls, i fins i tot que acabis menjant alguna cosa mentre estàs comprant. Els estímuls que tindràs són tan intensos que la teva gana et farà caure en el parany de la compra instantània per saciar el teu apetit. És pura supervivència. En un tancar i obrir d'ulls veuràs el teu carretó ple de productes que et menjaries en aquell moment i que segur que no són els més saludables ni recomanables. Organitza el teu dia, en la mesura del possible, per poder anar a comprar havent menjat o el teu passeig pel súper estarà ple de cants de sirena que t'aniran dient «menja'm, menja'm...».

2. **ANAR A COMPRAR RELAXATS.** No has de prendre't la compra com un acte sense més ni més, com un pur tràmit que has de complir per tenir la nevera i el rebost contents. No, anar a comprar necessita el seu temps i una certa tranquil·litat. Si vas amb presses o amb estrès perquè no arribes a aquella reunió, o a passar a buscar els nens a l'escola, o perquè el súper està a punt de tancar, acabaràs comprant de pressa, amb la qual cosa aniràs omplint la teva

cistella amb menys criteri. Sobretot al principi necessites un cert temps per mirar, comparar, llegir etiquetes... Tot això no ho pots dur a terme amb presses. Ja més endavant sabràs amb més fluïdesa què et cal comprar, on trobar-ho i què has de mirar abans de decidir si ho agafes o no, però ara per ara, dedica't amb cura a l'acte de comprar. Igual que no menges amb presses, tampoc pots comprar amb ànsia.

Comencem pel principi. Com dèiem, és essencial no anar al sú-per com qui va a l'aventura, a veure què ens trobem. El millor és tenir clar què necessitem *de veritat*, que moltes vegades no es correspon amb el que *creiem* que necessitem. El millor és portar-ho tot escrit, sigui al teu mòbil o, si ets més clàssic, en un paper.

Portar una llista és tot el contrari a la improvisació, que és un dels grans mals a l'hora d'anar a fer la compra. La llista posa ordre, perquè així ens cenyim únicament al que realment necessitem, i també ens fa guanyar temps. Si sabem què hem de comprar, anirem directes al gra i no estarem deambulant pels passadissos amb la mirada perduda entre els prestatges, dubtant o comprant productes totalment innecessaris per impuls.

Una llista ben feta, com deia, també ens permet guanyar temps. Organitza-la per sectors: comença pels productes de neteja, des-prés pels productes d'higiene, les begudes, els aliments envasats, els frescos... Fes-ho com vulguis, però de tal manera que no hagis d'anar recorrent els mateixos passadissos una i altra vegada. Seràs més eficient així i no tindràs el «perill» d'anar veient productes atractius que poden cridar-te l'atenció sense que els necessitis.

Així doncs, és important que dediquis un temps a casa a mirar què et cal, i en quina quantitat. És crucial que la llista inclogui els productes, però també la quantitat necessària, per no crear exce-dents als teus armaris. A l'hora de fer la llista de la compra, sempre recomano als meus pacients i amics que la facin per grups d'ali-ments, perquè així no els repetirem ni en comprarem de similars. Una forma d'ordenar-la pot ser per proteïnes, hidrats de carboni, greixos i d'altres. Us en poso un exemple:

Proteïnes:
-Pit de pollastre
-Hamburgueses de vedella
-Salmó
-Tofu
-...

Hidrats de carboni:
-Arròs basmati
-Quinoa
-Mill
-...

Greixos:
-Nous
-Ametlles
-Pistatxos
-...

Altres:
-Dentífric
-Suavitzant per a la roba

Finalment, m'agradaria fer esment, en aquest apartat, dels superaliments, que cada dia estan més presents en els supermercats. El meu consell és que hi vagis amb compte. M'explico. Els superaliments estan molt bé, no dic el contrari, però moltes vegades es tracta d'aliments molt similars a d'altres, els quals, com que no porten aquesta etiqueta amb el prefix «súper», són més econòmics i poden arribar a ser millors opcions. Tingues-ho present. El nom no sempre ho és tot. Cal buscar una mica darrere d'aquestes denominacions que es posen de moda i preguntar-se què és el que tenen i si no ho podem obtenir per altres vies. De fet, algunes vegades els aliments que s'inscriuen dins d'aquesta categoria poden emmascarar algun additiu o component que no els converteixen, precisament, en la millor opció. Desconfia sempre dels aliments que necessiten un eslògan per triomfar.

La trampa del 2x1

Omplir el carro de la compra, ho sabem tots, cada dia és més car, però precisament per això cal ser prudents davant de les ofertes o els 2x1 que es veuen pels supermercats. Moltes vegades aquestes ofertes venen condicionades per la curta caducitat del producte o per un excés d'estoc, és a dir, un excés de producció que no s'ha venut. Així doncs, no sempre aquests productes són els millors o els més recomanables. Compara sempre el preu per quilogram d'aliment i fixa't en els seus ingredients, perquè pot ser que els productes més rebaixats siguin els menys sans, ja que són els productes que més marge de benefici tenen, amb la qual cosa és molt fàcil posar-los en oferta. I també comprova'n la data de caducitat i pensa si el podràs incloure en la teva dieta abans que caduqui. El que no pot ser és que la teva dieta es vegi condicionada per les dates de caducitat: la teva dieta la marques tu d'acord amb les teves necessitats i la teva salut. I, finalment, pregunta't sempre si realment necessites aquest producte, per molt rebaixat que el trobis. No aprofitis les ofertes perquè sí, ja que al final et faran gastar més i alteraran la teva dieta.

TRIAR MERCAT O SUPERMERCAT

Moltes vegades em pregunteu, sigui en persona o a través de les xarxes socials, si és millor anar a comprar al súper o al mercat. És una pregunta que considero molt interessant. Particularment, prefereixo anar a comprar al mercat, tot i que soc conscient que no sempre és possible, i que moltes vegades és més pràctic anar al supermercat; pot ser que no tinguis un mercat a prop de casa o que, si vius en un poble, el tinguis només un cop a la setmana. Deixant de banda tots aquests condicionants, prefereixo el mercat per diverses raons: la primera és que al mercat sabràs sempre l'origen de cada producte i les seves qualitats. Encara més, és molt possible que si compres en un mercat ambulant o en un mercat setmanal estiguis comprant la fruita, la verdura o el que sigui directament a l'agricultor d'aquests productes, amb la qual cosa afavorim el comerç anomenat de quilòmetre zero, una manera de comprar molt sostenible i recomanable sense cap mena de dubte. A més, al mercat trobo un altre punt a favor que, per a mi, també és molt important, encara que sigui intangible, i és el tracte proper amb el venedor, que sempre ens pot orientar i aconsellar a l'hora de fer la compra. Ell millor que ningú sap el que ven, i podem aprendre'n molt seguint els seus consells.

Però, i si comprem al supermercat? Doncs té altres punts a favor que tampoc podem menysprear, la veritat. Per exemple, al súper tenim molta més varietat de productes (des d'una farina integral fins a un suavitzant passant per un salmó congelat). Un altre factor a tenir en compte és el preu: com que els supermercats compren al majorista, tenen ofertes en alguns productes i, en alguns casos, com en els productes o aliments processats, pot haver-hi un preu molt més ajustat. Però ves alerta amb les ofertes, com ja t'he recalcat abans, perquè no sempre són una solució a la nostra dieta equilibrada ni tampoc a la nostra economia. Ara bé, això del preu no és sempre així: en verdures i fruites, per exemple, sempre trobaràs un preu molt més interessant, al mercat, i la relació personal que estableixis amb la teva fruiteria o verduleria de confiança difícilment la trobaràs al supermercat.

El que sí que pots trobar al súper és la targeta de fidelització, que és interessant per a compres recurrents. Això sí, ves amb compte amb els xecs regal. Em refereixo als xecs o tiquets que et donen en finalitzar la teva compra perquè tornis a comprar allà mateix amb algun descompte concret. Són un ganxo perquè hi tornis. Has de saber que aquests xecs es realitzen amb algoritmes després d'haver analitzat les teves compres, amb la qual cosa els descomptes que t'oferiran sempre seran sobre productes que no sols comprar. Però així ja saben que, per tal d'aprofitar aquest descompte, que realment no t'interessa, hi tornaràs, perquè, és clar, no deixaràs pas escapar aquesta oportunitat, oi? Doncs sí, de vegades és millor deslligar-se i no estar condicionats per aquestes ofertes que, sincerament, no són per a nosaltres. En el meu cas, per exemple, sempre tinc descomptes per a cervesa o aigua embotellada. Per alguna cosa deu ser...

Davant la pregunta que iniciava aquest apartat (mercat o súper?) sempre acabo recomanant que, compris on compris, i sempre que la butxaca t'ho permeti, adquireix productes d'agricultura biològica o ecològica. Sabem que aquest tipus d'agricultura utilitza menys additius i fertilitzants en els aliments. Segons els últims estudis també podem donar per suposat que la qualitat (una vegada analitzada la seva aportació de vitamines i minerals) és més alta en aquesta mena de productes que en els convencionals.

2

ANEM A COMPRAR!

COM HEM DE LLEGIR LES ETIQUETES?

Aquest és un dels temes que més preocupen entre els consumidors: les etiquetes, que de vegades es perceben com un jeroglífic impossible de desxifrar i al qual ens atansem amb por i peresa, bàsicament perquè no sabem què buscar-hi, com desxifrar tanta informació condensada en paraules, números i sigles que no entenem. Tranquil·litat, que les aprendrem a descodificar fàcilment, com si fóssim un lector de codi de barres!

Quan sàpigues llegir una etiqueta veuràs que la teva compra es torna més senzilla, intuïtiva i eficaç. I el primer que has de saber és que els ingredients que apareixen impresos en el producte sempre van en ordre de quantitat. És a dir, del primer ingredient del llistat sempre n'hi ha més quantitat que del segon, i així successivament.

Però, i els aliments que només tenen un ingredient?, et preguntaràs. És clar, aquests són l'excepció. Una fruita, una verdura o qualsevol altre aliment que estigui compost d'un sol ingredient, com el cafè, si no té cap llista d'ingredients és perquè no porta res més i, per tant, no ha d'especificar-ho en el seu etiquetatge. Si existeix, apareixerà a l'etiqueta; i, si no hi és, és perquè no hi ha res més a declarar, senyoria. Aquí no hi ha ni trampa ni cartró.

Per exemple, parlem dels additius, que tan preocupats ens tenen: han d'aparèixer especificats amb la lletra E i els 3 o 4 nombres que identifiquen cada additiu amb el seu tipus (colorants, antioxidants, edulcorants...); això significa que l'additiu ha passat controls de seguretat i que ha estat aprovat per al seu ús dins de la Unió Europea. I és que la legislació de la UE requereix que els additius alimentaris siguin etiquetats clarament amb la lletra E seguida del corresponent nombre d'identificació.

Per entendre quin tipus d'additiu tenim en el producte que estem a punt de comprar, hem de tenir molt clara aquesta llista:

- **1XX SÓN ELS COLORANTS**
- **2XX SÓN ELS CONSERVANTS**
- **3XX SÓN ELS ANTIOXIDANTS**
- **4XX SÓN ELS ESTABILITZADORS**
- **5XX SÓN ELS ACIDULANTS**
- **6XX SÓN ELS POTENCIADORS DE SABOR**
- **9XX SÓN ELS EDULCORANTS**
- **11XX SÓN ELS ENZIMS**
- **14XX SÓN ELS MIDONS MODIFICATS**

Més endavant en parlarem amb més deteniment en el seu corresponent capítol, però sí que m'agradaria, aquí, posar damunt la taula el fet que cal tenir en compte que hi ha alguns additius que no ens beneficien. Vegem-ho una mica per sobre.

Del primer apartat, el dels colorants (1XX), la majoria no són recomanables, tot i que n'hi ha, excepcionalment, alguns de naturals, com el colorant extret del betacarotè o la pastanaga, el vermell remolatxa o la cúrcuma, que sí que són totalment recomanables i saludables. La resta, però, són colorants extrets de plàstics amb molts efectes secundaris i, com és lògic, no són gens saludables.

Passem als del número 2XX: poc a dir, la majoria dels conservants són totalment saludables i no tenen cap mena de problema. I el mateix podem dir dels del tipus 3XX: la gran majoria d'antioxidants són totalment vàlids i aptes per a una dieta saludable, ja que avui dia són absolutament segurs. Per la seva banda, els estabilitzadors, els 4XX, i els acidulants, els 5XX, també són una opció vàlida i saludable.

Aturem-nos un moment en els del número 6XX, els potenciadors de sabor; cal dir que no hi ha cap d'aquests additius que sigui saludable. De fet, més endavant parlarem amb més detall de l'E-621, el glutamat monosòdic.

Dels 9XX, que són els edulcorants, també parlarem molt detalladament en el seu apartat, però ja et puc avançar que hi ha de tot: opcions bones i dolentes, gairebé al 50%. Caldrà estar atents per saber de quin tipus són, però no t'angoixis, que després els desemmascararem a tots.

Els enzims, els 11XX, són opcions vàlides i segures. I els 14XX, que són els midons modificats, no presenten tampoc cap problema; el que passa és que hi ha aliments als quals se'ls afegeix midons modificats sense gaire sentit, però aquest és un altre tema, del qual ja parlarem més endavant.

Recorda!

Que una cosa estigui regulada no significa que sigui saludable o innòcua per al nostre organisme i la nostra salut.

Encara que aquest tema doni per a un llibre sencer, tampoc vull atabalar-vos, així que us faré un resum dels additius més perillosos per a la nostra salut, per tal que tinguis una idea ràpida i útil sobre el tema.

Crec que el primer que hauríem de fer és descriure què és un additiu. De vegades parlem de conceptes molt alegrement, sense tenir gaire clar a què es refereixen. Doncs bé, un additiu és aquella substància que, sense constituir per si mateixa un aliment, ni posseir valor nutritiu, s'afegeix intencionalment als aliments i les begudes. Aquest afegit sempre es fa en quantitats mínimes amb l'objectiu de modificar les seves característiques organolèptiques o facilitar-ne o millorar-ne el procés d'elaboració o conservació. Això és important. Em refereixo al fet que sigui en quantitats mínimes, ja que aquesta premissa moltes vegades no coincideix per a res amb la realitat de les grans indústries.

COLORANTS

Un colorant és una substància soluble en aigua, que és capaç de tenyir i donar un nou color a un teixit, aliment, etc. Això que sembla tan clar, tan innocu, s'ha tornat un tema molt controvertit amb el pas dels anys. Així doncs, d'acord amb el report del Center for Science in the Public Interest (un organisme de referència), alguns dels colorants d'aliments que més s'utilitzen podrien estar relacionats amb nombroses formes de càncer, així com amb la hiperactivitat i altres problemes de comportament. No dubto que aquesta informació us pugui sorprendre, però és totalment real.

Per no quedar-nos en fora de joc, doncs, vegem alguns dels colorants més populars i on els podem trobar. Pren-ne nota, que això t'interessa!

E-171

Òxid de titani (E-171)

De color blanc.

ON ES TROBA: en suplements, fàrmacs, palets de surimi, pipes, xiclets, xocolates, fruita seca, lactis, etc.

ELS ESTUDIS CIENTÍFICS HAN DEMOSTRAT QUE AQUEST ADDITIU:

- Bloqueja la respiració cel·lular i danya el fetge i els ronyons.
- Incrementa el risc de càncer i l'aparició i/o l'empitjorament tumoral.
- Provoca danys i inflamacions cromosòmiques i genètiques.
- Augmenta l'estrès oxidatiu en el cervell i augmenta el risc de disfunció neurològica.

A TENIR EN COMPTE:

La quantitat màxima recomanada al dia és indeterminada, però no pot superar l'1% en qualsevol aliment o producte.
A França aquest colorant està prohibit, i l'Autoritat Europea de Seguretat Alimentària (EFSA) no en recomana el consum.

E-102

Tartrazina (E-102)

Conegut també com a colorant groc, pel seu evident color, és un derivat del petroli i del plàstic.

ON ES TROBA: en dolços, cereals, fàrmacs, begudes alcohòliques, mostasses i fins i tot patates fregides.

ELS ESTUDIS CIENTÍFICS HAN DEMOSTRAT QUE AQUEST ADDITIU:

- Augmenta la histamina i el risc de tenir èczemes, asma, urticària, al·lèrgies i insomni.
- Danya la salut renal.
- Provoca hipersensibilitat i hiperactivitat, a més de falta d'atenció en els nens.
- Augmenta el risc de càncer i aparició tumoral.

A TENIR EN COMPTE:

La seva quantitat màxima recomanada és de 7,5 mg per quilogram de pes corporal.
Aquest colorant està prohibit a tots aquests països: Alemanya, Àustria, Austràlia, Finlàndia, Noruega i el Regne Unit.

E-120

Vermell carmí (E-120)

De color vermell intens, cada gram s'extreu de 100 femelles de cotxinilla i després es barreja amb alumini, calci o amoníac (uns afegits que no cal dir que no són gens recomanables per ingerir).

ON ES TROBA: en lactis de maduixot, xiclets, gelatines, melmelades, xoriços i palets de cranc.

ELS ESTUDIS CIENTÍFICS HAN DEMOSTRAT QUE AQUEST ADDITIU:

- Perjudica el creixement infantil.
- Augmenta el risc de càncer i el risc tumoral.
- Augmenta la mida de la melsa.
- Augmenta la histamina i el risc de patir asma, hiperactivitat, dermatitis, insomni i al·lèrgies, o de tenir èczemes.

A TENIR EN COMPTE:

La seva quantitat màxima recomanada és de 5 mg per quilogram de pes corporal.
Aquest colorant està prohibit al Japó, els Estats Units i Noruega.

E-150

Caramel (E-150)

S'obté de la barreja i la caramel·lització de xarop de glucosa (sucre) i fructosa (un altre tipus de sucre, pitjor encara). En els etiquetatges apareix també com a caramel càustic (E-150a), caramel càustic de sulfit (E-150b), caramel amònic (E-150c) i altres noms semblants que no són més que sinònims de l'E-150. A xò, aquest ball de xifres i lletres, ens porta a pensar que de vegades sembla que la idea no és altra que confondre el comprador. No tinguis mandra a l'hora de llegir les etiquetes ni et desesperis; ja veus que important és saber què ens endurem a la boca.

ON ES TROBA: en refrescos, begudes alcohòliques, galetes, postres, salses de soja, vinagres balsàmics, etc.

ELS ESTUDIS CIENTÍFICS HAN DEMOSTRAT QUE AQUEST ADDITIU:

- Produeix un efecte laxant i problemes digestius (amb una presa de 18 g al dia o més).
- Disminueix la vitamina B6, el que provoca diferents problemes en el nostre organisme.
- Provoca convulsions.
- Està vinculat amb el risc de patir càncer.
- Afecta directament el sistema immune, a causa del fet que fa disminuir els glòbuls blancs.

A TENIR EN COMPTE:

La seva quantitat màxima recomanada és de 200 mg per quilogram de pes corporal.

E-127

Eritrosina (E-127)

De color vermell violeta, es fabrica amb iode i petroli, dos compostos que cal tenir molt presents, sobretot el iode, un element molt important per al nostre cos però que, en excés, pot provocar molts problemes de salut, com hipertiroïdisme.

ON ES TROBA: en fruites confitades, fruita seca, multivitamínics i medicaments.

ELS ESTUDIS CIENTÍFICS HAN DEMOSTRAT QUE AQUEST ADDITIU:

- Interfereix en el metabolisme del iode (en estudis amb ratolins s'ha demostrat que pot provocar tumors en les seves glàndules tiroides).
- Provoca hipertiroïdisme i fotosensibilitat.
- Produeix hiperactivitat (el seu vincle amb el TDAH està demostrat).

A TENIR EN COMPTE:

Hi ha altres dos derivats d'aquest colorant que són l'E-128 i l'E-129. Es tracta de dos tòxics intestinals que s'han relacionat amb l'aparició de càncer de bufeta. Hem de tenir present que, des del 1990, hi ha estudis amb ratolins que demostren la relació de l'eritrosina amb l'aparició de càncer.

El CSPI (Center for Science in the Public Interest) ho va prohibir fa trenta anys, però el va tornar a aprovar al cap de poc temps, en una decisió sense sentit que deixa molts dubtes al respecte.

La quantitat màxima recomanada d'E-127 és de 0,1 mg/kg i només està permès el seu consum a Espanya en fruites.

L'E-128 (una altra variant) està prohibit a Austràlia, el Canadà, Israel, el Japó i Malàisia. Al nostre país només es permet en les carns.

E-150

Negre brillant (E-150)

Es fabrica a partir del petroli, d'aquí el seu característic color negre.

ON ES TROBA: en la regalèssia, dolços, salses, sopes de sobre i fins i tot en els ous de peix o caviar.

ELS ESTUDIS CIENTÍFICS HAN DEMOSTRAT QUE AQUEST ADDITIU:

- Potencia la histamina, cosa que pot provocar hiperactivitat, asma, insomni, èczemes i urticàries.
- Pot afavorir l'aparició de càncer o de quists intestinals.

A TENIR EN COMPTE:

Les persones amb al·lèrgies han de tenir cura del consum d'aquest colorant tan poc saludable, sobretot perquè potencia la histamina.
S'ha demostrat que la calor augmenta la seva toxicitat.
La seva quantitat màxima recomanada és de 5 mg/kg.
Aquest additiu està prohibit en tots aquests països: França, Alemanya, Bèlgica, Suïssa, Àustria, Dinamarca, Suècia, Finlàndia, el Canadà, els Estats Units, el Japó i Noruega.

Una de les conclusions que podem treure d'aquest resum sobre els colorants és que gairebé mai veurem que aquests additius estiguin prohibits a Espanya. Per què succeeix això? Com a consumidors hem de preguntar-nos aquesta mena de coses. Anar més enllà del que podem comprar, de la publicitat, de les ofertes, fins i tot de les etiquetes. Saber comprar és també plantejar-se què estem comprant. Doncs bé, el cas és que a Espanya les grans indústries alimentàries tenen, legislativament parlant, moltíssim poder, com hem pogut anar comprovant en aquest llistat. Així doncs, el meu consell, fins i tot a risc de sonar catastrofista, és que, tenint en compte el llarg llistat de països on aquests colorants estan prohibits, t'ho pensis dos cops abans d'emportar-te'ls a casa.

Alerta!

Hi ha altres colorants, a banda dels que ja hem esmentat, que són un veritable perill per a la nostra salut o que, almenys, no ens aporten res de bo. A saber:

Groc de quinolina (E-104/7)
Taronja GGN (E-111)
Azorubina (E-122)
Ponceau 4R (E-124)
Blau brillant FCF (E-133)
Verd àcid brillant (E-142)
I un llarguíssim etcètera.

Colorants com aquests els podem trobar en productes tan aparentment inofensius com un pastís d'aniversari, així que molta cura amb els colorants!

CONSERVANTS

SULFITES FREE

SULFITS

SULFIT

DIÒXID DE SOFRE I SULFITS

SULFITS

Sulfits

Els sulfits tenen un origen sintètic: provenen de la combustió de minerals i sofre. Es tracta d'un additiu que s'utilitza tant com a colorant com a conservant. Diem que funciona com a colorant perquè emmascara el procés de decoloració provocat pels bacteris, és a dir, que el que fa és evitar que l'aliment perdi el seu color de frescor.

Dit això, m'agrada aclarir que és un additiu innecessari en el 90% dels productes que el contenen, bàsicament perquè la majoria són de bona qualitat. Els sulfits s'utilitzen, doncs, només per evitar el creixement de bacteris i per prolongar la vida d'aquests aliments; uns aliments que, si fossin frescos, no tindrien cap necessitat de contenir aquest additiu. D'aquí la importància de comprar productes frescos...

ON ES TROBEN: en vins, cerveses, vinagres, salses, begudes, carns, vegetals en conserva, fruita seca, llegums, sucs i galetes.

ELS ESTUDIS CIENTÍFICS HAN DEMOSTRAT QUE AQUEST ADDITIU:

- Provoca danys estomacals, irritacions del tub intestinal i diarrees.
- Provoca erupcions cutànies.
- Disminueix els nivells de vitamina B1 (per això s'ha relacionat també amb afeccions com mals de cap, nàusees, vòmits, al·lèrgies, irritació dels bronquis, asma i tos).

A TENIR EN COMPTE:

Evita els sulfits si estàs embarassada.

En general cal evitar els sulfits en la mesura del possible, sobretot perquè no és un additiu gaire necessari. Hi ha alternatives, per sort. Només cal saber buscar, però hi ha vins i vinagres sense sulfits, així com una gran gamma d'aliments que no en tenen.

La part positiva, en aquest sentit, és que la llei obliga a indicar sempre, sense excepció, si el producte alimentari conté o no sulfits, amb la qual cosa la informació la tenim al nostre abast. Només cal tenir clar què significa i què hem de mirar. Fixeu-vos, doncs, en la importància que té aquest llibre. La informació és poder!

Tots aquests additius contenen sulfits:
- Diòxid de sofre (E220)
- Sulfit de sodi (E221)
- Sulfit d'àcid sòdic (E222)
- Metabisulfit de sodi (disulfit de sodi) (E223)
- Metabisulfit de potassi (disulfit de potassi) (E224)
- Sulfit càlcic (E226)
- Sulfit àcid de calci (bisulfit càlcic) (E227)
- Sulfit d'àcid potàssic (bisulfit de potassi) (E228)

ANTIOXIDANTS

Els antioxidants són compostos químics que interactuen amb els radicals lliures i els neutralitzen; això impedeix que puguin causar qualsevol dany. (Els radicals lliures són una mena de molècula que s'elabora durant el metabolisme i que, de vegades, poden danyar altres molècules.)

Tot i que, majoritàriament, són antioxidants saludables i segurs, n'hi ha alguns que no ho són del tot.

E-320, BHA
E-321, BHT

Butilhidroxianisol (E-320, BHA) o butilhidroxitoluè (E-321, BHT)

ON ES TROBA: en cereals, patates fregides, llonganisses i productes fornejats.

ELS ESTUDIS CIENTÍFICS HAN DEMOSTRAT QUE AQUEST ADDITIU:

- Provoca un risc d'asma més alt.
- Augmenta el colesterol sanguini.
- Està vinculat amb problemes hepàtics.
- Es relaciona a llarg termini amb càncer.

A TENIR EN COMPTE:

Les dones embarassades i els nens han d'evitar aquest additiu.

ESTABILITZADORS

Els estabilitzadors són additius que possibiliten que els aliments barrejats no es disgreguin, fan que aquesta barreja no se separi. Dins dels estabilitzadors, destaquen els emulsionants, els espessidors i els gelificants. En aquest apartat només destacarem dues famílies d'emulsionants: els carragahens i la carboximetilcel·lulosa sòdica.

E-407

Carragahens (E-407)

ON ES TROBEN: en refrescos *light*, cerveses, postres, gelats, io-
gurts, llet condensada, begudes vegetals i productes carnis.

**ELS ESTUDIS CIENTÍFICS HAN DEMOSTRAT QUE
AQUEST ADDITIU:**

- Provoca al·lèrgies i úlceres a l'intestí gruixut (gens indicat,
  doncs, per a les persones amb úlceres!).
- Debilita el sistema immunitari.
- Està vinculat amb tumors cancerosos.

A TENIR EN COMPTE:

Evita aquest additiu tant com puguis. No és gens recomanable.

E-466

Carboximetilcel·lulosa (E-466)

ON ES TROBA: en productes lactis congelats, productes panificats, pastissos, pastes, dolços, begudes de fruites, begudes en pols, llets saboritzades, cosmètics, etc.

ELS ESTUDIS CIENTÍFICS HAN DEMOSTRAT QUE AQUEST ADDITIU:

- Augmenta el risc de malalties intestinals inflamatòries.
- Té un efecte proinflamatori.

A TENIR EN COMPTE:

Evita aquest additiu tant com puguis. No és gens recomanable, tant si tens alguna malaltia intestinal com si no.

ACIDULANTS

Els acidulants són substàncies àcides, generalment orgàniques, que s'utilitzen en molts processos com a conservant o modificador de la viscositat o l'acidesa dels aliments, entre altres aplicacions. Els acidulants els podem trobar en l'etiquetatge sota la numeració E-2XX, E-3XX o fins i tot E-4XX.

POTENCIADORS DEL SABOR

E-621

Glutamat monosòdic (E-621)

Aquest additiu és molt controvertit i gens recomanable per a la nostra salut. Tot i que el glutamat monosòdic té l'enumeració E-621, la veritat és que el podem trobar de l'E-610 a l'E-632: totes aquestes numeracions corresponen a derivats del glutamat monosòdic i són potenciadors de sabor gens recomanables. S'elabora mitjançant la fermentació bacteriana de sucres residuals d'origen animal i vegetal.

ON ES TROBA: en aliments preparats i sobretot en ultraprocessats, com poden ser patates fregides, snacks, embotits i llaminadures.

ELS ESTUDIS CIENTÍFICS HAN DEMOSTRAT QUE AQUEST ADDITIU:

- Té efectes neurotòxics, ja que sobreestimula el sistema nerviós central, amb la qual cosa augmenta el risc d'hiperactivitat, dislèxia, autisme i epilèpsies.
- S'ha demostrat que provoca, o bé augmenta, mals de cap, debilitat, fatiga, entumiment, asma, palpitacions, problemes de son, dolors abdominals, calfreds i formiguejos.
- Empitjora la funció reproductiva femenina.
- Redueix el transport de triglicèrids i el colesterol limfàticament.
- Provoca hipertensió, migranyes, convulsions, lesions cerebrals, predisposició a Huntington, demència, Parkinson, Alzheimer, esclerosi lateral amiotròfica i esclerosi múltiple.
- Empitjora la funció hepàtica i la síndrome metabòlica, ja que disminueix la producció d'òxid nítric.

A TENIR EN COMPTE:

Els diabètics especialment han de tenir molta cura amb aquest additiu, perquè s'ha demostrat que crea hiperinsulinèmies, hiperglucèmies i augmenta la resistència a la insulina.
També s'ha comprovat que el glutamat monosòdic augmenta la sensació de gana fins a un 40%.

Quan fas pop...

Segur que has acabat de dir l'eslògan en la teva ment. Va ser un encert publicitari, i té la seva lògica, sobretot si ens fixem en l'esbojarrada quantitat de glutamat monosòdic que contenen aquestes patates... Efectivament, no hi ha estop. Millor que posem l'estop abans de comprar-les!

Un additiu que juga a amagar-se

Un dels problemes que tenim a l'hora de detectar si un producte porta o no glutamat monosòdic és que aquest es camufla sota diversos noms, tot i que el més comú d'ells, almenys aquests últims anys, és el d'«extracte de llevat». I és que aquest extracte té una composició gairebé idèntica a la del glutamat monosòdic. Tot i així, no et deixis enganyar: pot rebre altres noms per engalipar-nos. Com podem saber, doncs, quins aliments contenen glutamat monosòdic? T'aconsello que tinguis sempre molt present la llista que t'oferiré, perquè són els noms amb què aquest additiu pot camuflar-se:

- Glutamat monopotàssic
- GMS o MSG
- Potenciador de sabor E-621
- Glutavene
- Glutacyl
- Àcid glutàmic
- Caseïnat càlcic
- Caseïnat sòdic
- Extracte de llevat
- Autolisat de llevat
- Farina de civada hidrolitzada
- Pols gourmet
- Ac'cent
- Ajinomoto
- Suavitzant natural de carns
- Proteïna vegetal hidrolitzada (PVH)
- Proteïna hidrolitzada
- Extracte de proteïna vegetal
- Proteïna texturitzada
- Proteïna de soja aïllada de sèrum de llet
- Concentrat de proteïnes
- Concentrat de proteïna de soja
- Gelatina
- Llevat hidrolitzat
- Potenciador del gust

A més, «extracte d'espècies» és comú, també, i si no s'especifica ens mostra que és glutamat monosòdic.

Consell

La millor manera de mantenir-te sa i no jugar-te-la és menjar aliments sencers no processats.

EDULCORANTS

Finalment, cal que parlem dels edulcorants, uns altres additius que, en la mesura del possible, hem d'evitar. Els edulcorants, com el seu nom indica, serveixen per edulcorar els aliments, és a dir, funcionen com un substitut del sucre. Començarem analitzant el més controvertit, l'aspartam (E-951).

E-951

Aspartam (E-951)

L'aspartam és un edulcorant artificial, hipocalòric i unes 200 ve-
gades més dolç que el sucre. Aquesta pols blanca i inodora, a
trenta graus centígrads, es converteix en formaldehid i, després,
en àcid fòrmic, que és la mateixa substància, ni més ni menys,
que deixa anar la picada de la formiga vermella.

ON ES TROBA: en refrescos, saboritzants, edulcorants de taula,
medicaments, xarops i infinitat d'aliments, sobretot dietètics.

**ELS ESTUDIS CIENTÍFICS HAN DEMOSTRAT QUE
AQUEST ADDITIU:**

- Augmenta el teixit adipós i provoca problemes gastrointesti-
nals.
- Provoca tumors cerebrals, pancreàtics, uterins, de pit i un llarg
i trist etcètera.
- Redueix el glutatió i augmenta l'oxidació hepàtica (per tant, és
un edulcorant molt poc saludable per al fetge).
- Augmenta els radicals lliures, cosa que provoca mals de cap,
insomni, confusió i convulsions.
- Redueix el pH, cosa que afecta la microbiota, i és un citotòxic
PC12, cosa que afavoreix la mort cel·lular.
- Augmenta el risc tumoral.
- És un multicancerígen hepatocel·lular, alveolar i colorectal.

SÍMPTOMES COMUNS DEL CONSUM D'AQUEST ADDITIU:

- Síndrome de fatiga crònica
- Migranya
- Depressió
- Ansietat
- Fòbia
- Vessament cerebral
- Epilèpsia
- Fibromiàlgia
- TDAH

A TENIR EN COMPTE:

La seva quantitat màxima recomanada és de 40 mg/kg.
Està prohibit a Islàndia, el Japó, les Filipines i Indonèsia.
En un estudi del 1980 van alimentar 180 animals amb aspartam.
El resultat va ser que 96 d'aquests animals (més de la meitat de la mostra) van morir de tumors cerebrals.

Ciclamat de sodi (E-952)

El ciclamat presenta un consum molt comú en la nostra societat. Aquest edulcorant es troba en productes sense sucre o productes 0%, o en els famosos productes *light*.

SÍMPTOMES COMUNS DEL CONSUM D'AQUEST ADDITIU:

- Al·lèrgies
- Càncer de bufeta
- Càncer d'ovaris
- Càncer de ronyons
- Càncer de pell
- Càncer d'úter
- Càncer de genitals
- Dany als espermatozoides
- Dany als testicles
- Hipertròfia del pàncrees
- Creixement fetal amb intoxicació de placenta

A TENIR EN COMPTE:

Les embarassades han de tenir una especial cura amb aquest additiu.
La seva quantitat màxima recomanada és d'11 mg/kg.
Està prohibit a Mèxic, Veneçuela, el Japó, els Estats Units, el Regne Unit, França i Xile.

Saccharin

(Sodium saccharin)

pure, 99.9%

E-954

Sacarina (E-954)

Segurament som davant d'un dels edulcorants més famosos i utilitzats.

ON ES TROBA: en molts productes, des de suplements esportius fins a col·lutoris passant per edulcorants de taula, productes *light*, etc.

SÍMPTOMES COMUNS DEL CONSUM D'AQUEST ADDITIU:

- Augmenta la creatinina
- Augmenta les transaminases
- Provoca danys hepàtics
- Augmenta els triglicèrids
- Augmenta el greix corporal
- Provoca sucre en sang
- Augmenta els enzims hepàtics ALT i AST
- Té relació amb el càncer de bufeta
- Redueix el pH i té efecte oxidant

A TENIR EN COMPTE:

És revelador que, als Estats Units, els aliments amb sacarina hagin d'indicar el següent text en el seu etiquetatge: «Aquest producte conté sacarina, de la qual s'ha determinat que produeix càncer en animals de laboratori» o «L'ús d'aquest producte pot ser perillós per a la salut».
La seva quantitat màxima recomanada és de 5 mg/kg.
Està prohibida a França i el Canadà.

E-965 a E-968

Polialcohols (E-965 a E-968)

Ara que estem estudiant a fons els edulcorants, no vull deixar passar l'oportunitat de parlar d'un subgrup que requereix la nostra atenció. Em refereixo als cada cop més coneguts i famosos polialcohols.

Aquests polialcohols reben diferents noms, ja que són diferents entre ells. Així doncs, tenim l'eritritol (E-968), el xilitol (E-967), el maltitol (E-965i), el lactitol (E-966) i el sorbitol (E-420). Els dos primers, eritritol i xilitol, són els menys preocupants de tots ells, ja que no alteren tant la nostra microbiota a diferència dels altres, que, efectivament, l'alteren molt i que, a més, no són gens recomanables ni en consums puntuals. Aquests additius són una fibra no soluble o no fermentable, la qual cosa afavoreix que tinguem un excés de gasos o flatulències.

ON ES TROBA: en galetes, xocolates, xiclets, caramels i gelats, sobretot els anomenats com a «0% sucre»

SÍMPTOMES COMUNS DEL CONSUM D'AQUEST ADDITIU:

- Genera flatulències
- Provoca diarrees
- Té efectes laxants
- Produeix còlics
- Provoca problemes gastrointestinals
- Redueix el pH

A TENIR EN COMPTE:

Els productes que contenen polialcohols han d'advertir del se-
güent: «El consum en excés pot tenir un efecte laxant».
La quantitat màxima per evitar els efectes secundaris són 40
grams per quilogram.
A partir de 15 grams, poden aparèixer alguns efectes secunda-
ris..

ENZIMS

Els enzims són proteïnes complexes que produeixen un canvi químic específic en totes les parts del cos; també, doncs, en l'aparell digestiu, que és el que ens concerneix en aquest llibre. En altres paraules, els enzims poden ajudar a descompondre els aliments que consumim perquè el cos els pugui utilitzar. Actualment, no hem de preocupar-nos pel seu consum, ja que són totalment segurs per a la nostra salut. Trobarem codificats els enzims en les etiquetes amb la numeració E-11XX; per exemple, la invertasa és l'E-1103 o la lisozima, l'E-1105, entre molts d'altres.

MIDONS MODIFICATS

Els midons modificats són afegits en els aliments que tenen una funció d'espessidor. Aquests midons retenen aigua, cosa que afavoreix que resisteixin millor les altes temperatures i, així, puguin augmentar el pes del producte de manera molt econòmica. És per aquest motiu que els midons modificats són tan utilitzats en la gran indústria alimentària.

A més, els midons modificats també aporten viscositat, estabilitat i textura. Això els fa nocius per a la salut? En absolut. Es tracta d'additius totalment segurs avui dia. Els trobarem en les etiquetes com a E-14XX; les dextrines, per exemple, com E-1400 i el midó acetilat, E-1420.

QUINS PRODUCTES HEM DE DESCARTAR

No t'angoixis amb tanta numeració i tants noms estranys. Està bé que tinguis tota aquesta informació, perquè com dic, la informació és poder, i els consumidors necessitem tenir el control sobre tot allò que volem comprar. Tanmateix, hi ha una manera molt fàcil i intuïtiva de saber quins productes hem de descartar tant sí com no, productes que no hauríem de tenir mai al nostre rebost.

Organitzaré aquest apartat en tres grups d'ingredients que hem d'evitar en qualsevol aliment si volem comprar, i menjar, de manera saludable.

SUCRES AFEGITS

Comencem per un clàssic: els sucres afegits o similars, que solen estar descrits així, ja que el sucre té molts sobrenoms diferents. Una vegada més, ens trobem amb el ball de noms per poder confondre el consumidor. Però aquí estem per desemmascarar les trampes. Així que, pren nota de la llarga, llarguíssima, llista dels noms que pot adoptar el SUCRE:

- Dextrosa
- Maltodextrina
- Glucosa
- Panela
- Maltosa
- Dextrina
- Melassa
- Fructosa
- Xarop
- Sucre de coco
- Sucre de canya
- Mel
- Nèctar

- Suc de fruita (menys el suc de llimona, que gairebé és acalòric)
- Lactosa
- Malta d'ordi
- Llet desnatada en pols
- Concentrat de fruita
- Sacarosa
- Caramel
- Sucre invertit
- Sucre de panela
- Sucre de dàtil
- Galactosa

De tots ells, voldria parlar amb més profunditat de la fructosa, ja que és el més perillós de tot aquest grup d'ingredients. Cal que expliqui, abans que res, una mica com funciona el sucre en el nostre organisme. Sabem que actualment tots els estudis científics realitzats afirmen que quan el sucre no s'utilitza com a font d'energia, el nostre cos l'emmagatzema com a àcid gras i això provoca el nostre augment de dipòsits grassos, és a dir, que augmentem de pes. Però, què passa amb la fructosa? Doncs que aquesta va directament al fetge, on s'emmagatzema com a greix i, per tant, no pot ser utilitzada com a font energètica en cap cas. La fructosa no ens dona la opció d'usar-la com a motor d'energia. Per això és més problemàtica que el sucre. Això sí, hem de tenir present que no és el mateix el sucre i la fructosa que són propis d'un aliment que els sucres i les fructoses que són purs afegits per tal d'augmentar el sabor dolç d'aquest aliment. El sucre i la fructosa propis de l'aliment estan acompanyats de vitamines, minerals, fibra, etc.

Per exemple, parlem del cafè. Saps que hi ha el natural i el torrefacte, oi? El torrefacte no és altra cosa que el cafè natural que ha estat torrat, en gra, amb sucre per endolcir-lo. Aquesta manera d'afegir-hi sucre fa que aquest tipus de cafè sigui menys sa i que, a més, com que el seu torrat ha hagut de ser més intens, perdi propietats.

Ara bé, ¿hem de descartar tots els aliments que portin alguna d'aquestes formes de sucre? Si et soc sincer, et diré que, encara que hi pugui haver excepcions o ingredients dels descrits anteriorment que en quantitats molt baixes no presentin cap problema, la meva postura és que no considero que cap aliment saludable hagi de portar aquests sucres. Perquè en el fons l'únic que pretenen els sucres afegits és endolcir i potenciar el sabor del producte, amb la qual cosa el nostre paladar pot estar content, però el nostre organisme no tant. Va en detriment de la qualitat del producte i, per tant, de la nostra salut.

GREIXOS

Hi ha la creença que tots els greixos són dolents. Bé, com moltes creences populars, això no és del tot cert. Els greixos que hem d'evitar en una dieta saludable són els trans saturats, que són els següents:

- Oli de palma (tots aquests sinònims de l'oli de palma són iguals de perjudicials que l'oli de palma):
- Palmist
- Greix vegetal (si no ho especifica, és de palma)
- Hidrogenada de Palmist
- Palmitat de sodi
- Estearina de palma
- Palmoleïra
- Oleïna de palma
- Àcid palmític
- Àcid hexadecanoic
- Palmitat d'ascorbil
- Lauril(polietoxi)sulfat de sodi
- Sulfat de lauril
- Greix hidrogenat
- Oli vegetal parcialment hidrogenat

Els olis més recomanables, per la seva baixa taxa de saturació, són els que pots veure al gràfic de la pàgina següent:

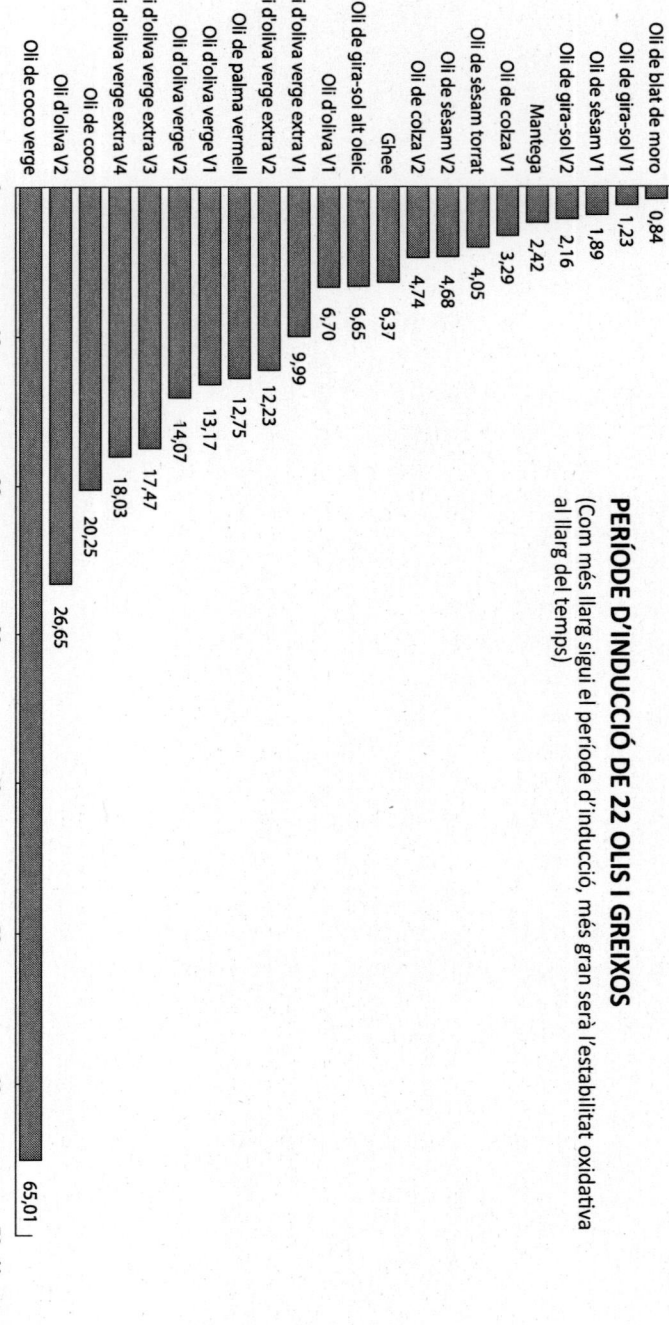

PERÍODE D'INDUCCIÓ DE 22 OLIS I GREIXOS

(Com més llarg sigui el període d'inducció, més gran serà l'estabilitat oxidativa al llarg del temps)

Oli	Hores
Oli de blat de moro	0,84
Oli de gira-sol V1	1,23
Oli de sèsam V1	1,89
Oli de gira-sol V2	2,16
Mantega	2,42
Oli de colza V1	3,29
Oli de sèsam torrat	4,05
Oli de sèsam V2	4,68
Oli de colza V2	4,74
Ghee	6,37
Oli de gira-sol alt oleic	6,65
Oli d'oliva V1	6,70
Oli d'oliva verge extra V1	9,99
Oli d'oliva verge extra V2	12,23
Oli de palma vermell	12,75
Oli d'oliva verge V1	13,17
Oli d'oliva verge V2	14,07
Oli d'oliva verge extra V3	17,47
Oli d'oliva verge extra V4	18,03
Oli de coco	20,25
Oli d'oliva V2	26,65
Oli de coco verge	65,01

Font: Redondo-Cuevas, Lucía, et al. «Revealing the relationship between vegetable oil composition and oxidative stability: A multifactorial approach.» Journal of Food Composition and Analysis 66 (2018): 221-229.

Com pots veure, el millor oli per utilitzar a casa és el de coco: com més llarga sigui la barra, millor per cuinar a casa, si volem cuinar amb oli. I dic això de «si volem cuinar amb oli» perquè avui dia, a una bona paella antiadherent no cal afegir-hi oli. A més, i tot i que aquest llibre no va de cuinar, sabem de sobra que fregir no és la manera de cuinar més saludable, i molt menys si reutilitzem l'oli per fregir diverses vegades. Què provoca això? Doncs que saturem aquest oli i que cada vegada que l'anem reutilitzant el saturem encara més.

Així, hem vist que l'oli de coco és una molt bona opció per cuinar. Si ens n'anem a l'extrem contrari, al dels greixos de mala qualitat, haurem de descartar sempre tots aquells olis que siguin refinats.

I sí, és cert: en aquest apartat no han aparegut ni els greixos saturats ni els aliments alts en colesterol. Pot semblar estrany, però és que no hi ha cap evidència que una dieta alta en colesterol augmenti el colesterol en sang, de la mateixa manera que tampoc hi ha cap certesa que un consum de greixos saturats pugui provocar un perjudici en la nostra salut, sempre que tinguem, és clar, un bon consum dels altres greixos, com els poliinsaturats i els monoinsaturats, que són els que realment són necessaris per al nostre organisme i contribueixen a la nostra bona salut.

Alerta!

Tots aquests greixos trans saturats no només els podem ingerir si comprem productes que els portin, també podem saturar nosaltres mateixos un aliment a l'hora de cuinar-lo (per exemple, cuinant-lo a una alta temperatura amb oli).

Avui dia, tots consultem internet, les xarxes socials, les apps... per resoldre dubtes o buscar consells. No ho negaré ni en renegaré, ni de bon tros. I és que, segurament, el primer lloc on vas saber alguna cosa de mi va ser en alguna xarxa social. A més, m'agraden aquestes plataformes per donar a conèixer tot el relacionat amb el món de l'alimentació sana i veritable. Ja saps que amb l'etiqueta #yanezapto analitzo centenars de productes (ja en tinc més de 2.000 avui dia). Si ho consulteu, podreu veure tots els productes que he estudiat i que són saludables; i al contrari, amb l'etiqueta #yaneznoapto podreu veure tots aquells aliments que he analitzat i que no resulten recomanables ni saludables. A més, si darrere del nom del *hashtag* hi afegiu seguidament el supermercat que voleu consultar (per exemple: #yanezaptomercadona) tindreu totes les meves recomanacions per poder-hi comprar tranquil·lament.

A partir d'aquí, intentaré respondre la pregunta que tantíssima gent em fa: són útils o fiables aquestes aplicacions per a mòbils que analitzen els productes? Si no saps de quines apps parlem, em refereixo a noms com Yuka, Myrealfood o ElCoco, per citar-ne tres de les més descarregades i conegudes del sector.

Com sempre, et seré sincer i respondré de la manera més honesta possible. Personalment, no estic gaire a favor de les apps que accepten pagaments d'empreses per anunciar-s'hi, perquè quan una empresa o, en aquest cas, una aplicació de mòbil accepta els diners d'una empresa que és susceptible de ser analitzada per aquesta aplicació, pot perdre certa objectivitat a l'hora de detallar els pros i contres de cada producte.

Imagina que jo tinc una marca d'aliments i pago per ser anunciat en una aplicació. El lògic és que aquesta aplicació em posicioni en millor lloc quan l'usuari busqui un producte similar als que jo li puc oferir. He conegut diversos casos en què això ha passat. Llavors, el meu consell és que podem utilitzar aquestes apps, sí, però amb totes les prevencions possibles, simplement per tenir una idea de les composicions dels productes. Ara bé, a qui hem de recórrer per obtenir consells lliures de prejudicis i interessos és al nostre nutricionista o el nostre dietista.

I deixant de banda els interessos econòmics que hi pugui haver en aquestes aplicacions, tampoc em satisfan perquè analitzen els macronutrients sense tenir en compte certs additius o afegits que crec que sí que haurien de ser analitzats. Això ho veurem millor més endavant, quan parlem del mètode Nutriscore. Per exemple, l'oli de coco, que és cardiosaluble, i té greixos saturats, que s'han demostrat que són beneficiosos, igual que el colesterol de l'ou, apareixeria en aquestes aplicacions com a aliment no recomanable. Llavors, si l'ou apareix com a producte no recomanable pel colesterol, quan sabem que no té res a veure el colesterol dietètic amb el sanguini, o que l'oli de coco també sigui denominat com a tal perquè porta greixos saturats, no em sembla correcte. Els aliments han de ser analitzats pel seu conjunt, no només pels seus macronutrients. S'hauria de veure a partir de cada consumidor i les seves necessitats, i no fer-se un estudi tan generalista que només resumeix el valor d'un aliment sense tenir en compte, per exemple, si porta glutamat sòdic, vint mil additius o que no notifica, simplement, que som davant d'un aliment absolutament innecessari.

ALTRES CODIS A PART DE LES ETIQUETES

OUS

Ara que ja sabem llegir amb més eficàcia una etiqueta, hem de tenir en compte que existeixen altres codis alimentaris molt importants de conèixer. Em refereixo als que trobem als ous i als seus diferents significats.

> **0** = Si un ou apareix amb el número 0, això significa que és de producció ecològica, la qual cosa el converteix en la nostra millor opció per omplir la cistella.
>
> **1** = Són tots aquells ous que pertanyen a gallines camperes, una altra bona opció.
>
> **2** = En aquest cas, són ous de gallines criades a terra.
>
> **3** = El porten els ous de gallines criades en gàbia.

Després de cada número veuràs que hi ha un parell de lletres, les quals indiquen el país d'origen. En el nostre cas, hauria de posar sempre ES (Espanya). Les dues xifres següents identifiquen la província, que estan ordenades alfabèticament: Àlaba (01), Albacete (02), Alacant (03), Almeria (04), Astúries (33), Àvila (05), Badajoz (06), Balears (07), Barcelona (08), Burgos (09), Càceres (10), Cadis (11), Cantàbria (39), Castelló (12), Ciudad Real (13), Còrdova (14), la Corunya (15), Conca (16), Girona (17), Granada (18), Guadalajara (19), Guipúscoa (20), Huelva (21), Osca (22), Jaén (23), Lleó (24), Lleida (25), Lugo (27), Madrid (28), Màlaga (29), Múrcia (30), Navarra (31), Ourense (32), Palència (34), Las Palmas (35), Pontevedra (36), La Rioja (26), Salamanca (37), Santa Cruz de Tenerife (38), Segòvia (40), Sevilla (41), Sòria (42), Tarragona (43), Terol (44), Toledo (45), València (46), Valladolid (47), Biscaia (48), Zamora (49), Saragossa (50), Ceuta (51) i Melilla (52).

Els tres números següents informen del municipi del qual prove-nen (no et preocupis, que t'estalviaré aquest interminable llistat). I, fi-nalment, els tres últims dígits indiquen la granja de procedència. Com has vist, la numeració va del general al més concret.

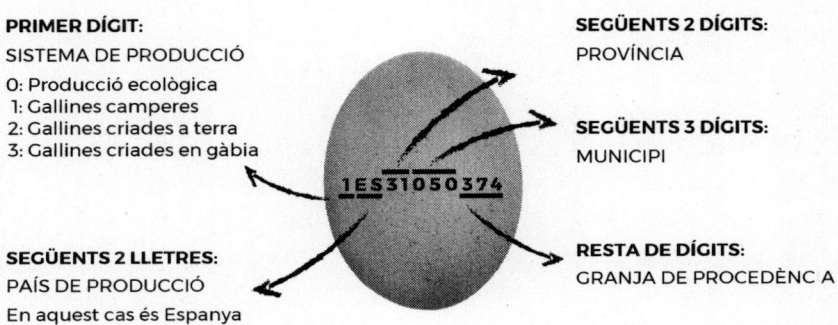

PRIMER DÍGIT:
SISTEMA DE PRODUCCIÓ
0: Producció ecològica
1: Gallines camperes
2: Gallines criades a terra
3: Gallines criades en gàbia

SEGÜENTS 2 LLETRES:
PAÍS DE PRODUCCIÓ
En aquest cas és Espanya

SEGÜENTS 2 DÍGITS:
PROVÍNCIA

SEGÜENTS 3 DÍGITS:
MUNICIPI

RESTA DE DÍGITS:
GRANJA DE PROCEDÈNCIA

Com a consumidors, no cal dir que, sempre que ens sigui possi-ble, per sostenibilitat, respecte i bon tracte animal, la millor opció serà escollir l'ou ecològic i, com més proper, millor. Així propiciem que hi hagi menys recorregut de transport i, per tant, menys contami-nació en tot el procés des que la gallina el pon fins que ens l'enduem a casa. Tot i que molts supermercats destaquen el fet que els ous que tenen als seus prestatges són de gallines criades a terra, la qual cosa és un punt a favor respecte a les gallines criades en gàbia, sempre serà millor buscar els ous de gallines camperes. Primer, pel que et deia abans, el bon tracte animal; i segon, i sota el prisma nutricional, l'aportació de vitamines, minerals i diferents nutrients tampoc varia gaire en relació amb els ous ecològics, amb la qual cosa són una molt bona opció. Sí que podràs veure que el color entre un ou convencio-nal i un altre d'ecològic pot variar, però això es pot manipular mit-jançant l'alimentació de les gallines, si aquesta porta més o menys blat de moro: això farà que el rovell sigui més groc o menys. En defi-nitiva, tot i que jo prefereixo l'ecològic, no puc demostrar que, nutri-tivament, sigui millor que un de convencional.

NUTRISCORE

Amb el Nutriscore estem entrant en un terreny pantanós, ja que és una manera de classificar els aliments que està suscitant molta polèmica, i n'hi ha per a això i per a molt més. Segons aquest mètode els aliments més saludables són els classificats amb una A, i la qualitat va baixant (B, C, D) fins a arribar a la pitjor nota de totes, la E. Què passa? Segons la classificació de Nutriscore, els aliments més favorables són aquells que tenen poques calories, pocs àcids grassos saturats, pocs sucres simples i poc sodi. Bé, jo també estic a favor de potenciar aquells aliments que siguin baixos en sucres simples i sodi (sal), però el que em pregunto és per què hem de menysprear els aliments amb àcids grassos saturats; és cert que hi ha greixos saturats que no són gaire bons, però n'hi ha d'altres que sí, i quina coherència seguim potenciant els aliments baixos en calories si, moltes vegades, aquests mateixos aliments amaguen grans quantitats d'additius i edulcorants que no són gens saludables?

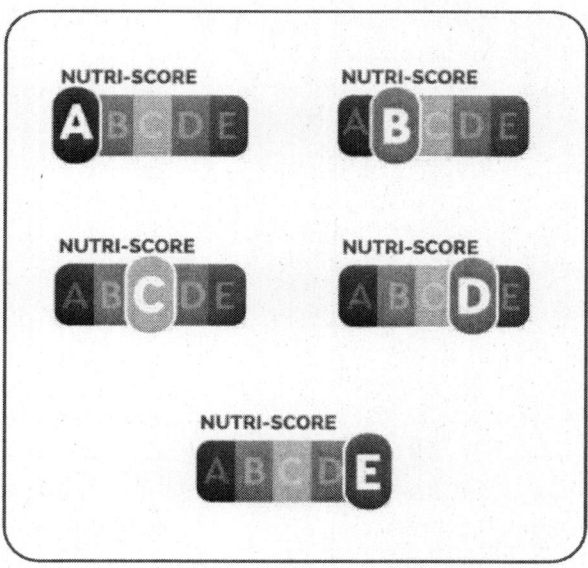

I, com sempre, les grans indústries volen ser les més llestes de la classe. Ja que coneixen la manera de puntuar que té Nutriscore, saben què han de fer per apujar nota en la seva escala d'avaluació. Un truc que utilitzen, per exemple, és afegir fibra a l'aliment per arribar a tenir-ne entre un 4% i un 5% i, d'aquesta manera, tenir una millor puntuació. Així doncs, ull viu, perquè és una manera molt esbiaixada de valorar la qualitat nutricional o saludable dels aliments. De fet, en països com l'Argentina o Mèxic fa anys que posen un etiquetatge frontal d'advertència que avisa dels excessos de calories, sucres, greixos saturats, greixos trans o de sodi que conté el producte. La veritat, de cara.

I és per tot això que no soc gaire partidari del sistema de classificació Nutriscore. Sense anar més lluny, un bon oli d'oliva, segons aquest mètode, sempre es trobarà en les puntuacions més baixes, exactament a la lletra D, mentre que podrem trobar la Coca-Cola Zero al B, o unes galetes sense sucres, però amb un munt de polialcohols i additius (a més de fibra afegida), a la lletra A. I el problema és que l'oli d'oliva no és l'excepció; uns seitons en oli d'oliva verge extra els trobarem a la lletra D de Nutriscore, i, en canvi, un batut de xocolata amb un 10% de sucre, a la lletra B. Un 10% de sucre vol dir que, amb un sol vas d'aquest batut, superaríem la dosi màxima de consum de sucre que l'OMS recomana en un dia. I no continuo amb els exemples d'incoherència de Nutriscore perquè tenim altres coses de què parlar...

3

CONSELLS DE COMPRA PER PRODUCTES

COM COMPRAR PEIX I MARISC

No descobrim res si diem que sempre és preferible comprar peixos que provinguin d'animals lliures que de piscifactories, oi? Doncs bé, com tantes altres coses referents a la compra, és convenient recordar-ho, ja que de vegades la rutina, les presses o la practicitat fa que oblidem algunes d'aquestes regles d'or. El millor, doncs, és anar a la peixateria, parlar amb els peixaters i peixateres, i observar bé el peix. Ara bé, en què has de fixar-te per saber si un peix és fresc? Deixa'm donar-te algunes claus perquè tu també ho sàpigues veure d'una hora lluny!

Una de les primeres coses en què ens hem de fixar és en el color. Els peixos cartilaginosos, com la ratlla, tenen un color vermellós quan són ben frescos, però si observes que el seu color tendeix més a ser un verd blavós, és que ja no és tan fresc. Per la seva banda, els peixos amb esquelet ossi tenen una coloració que s'assembla a una brillantor metàl·lica amb reflexos; en canvi, si aquests reflexos passen a ser mats i perden els reflexos és que el peix ja ha anat perdent frescor.

Afina l'olfacte!

A més de la vista, és molt important l'olfacte a l'hora de verificar si un peix és fresc o tot el contrari. L'olor d'amoníac ens indica que el peix està en mal estat.

A més de l'aspecte general, és important mirar als ulls del peix per saber en quin punt de frescor es troba. Per exemple, si té els ulls opacs o enterbolits i no tenen transparència és que aquest peix no està en el seu punt òptim de frescor. També desconfia dels peixos que tenen els ulls enfonsats, ja que és un símptoma d'estar poc fresc.

Més enllà del color i dels ulls, la pell serà un altre aspecte en què caldrà fixar-nos per saber si és convenient o no comprar una peça. Hem d'escollir aquells peixos que tinguin la pell tensa, ferma i que sigui difícil de separar, sense que es trenqui; les escames han de presentar un aspecte brillant i estar fortament unides a la pell.

Un altre punt interessant en què ens hem de fixar és que ha de tenir els opercles (les aletes d'os dur que cobreixen i protegeixen les brànquies) i les brànquies de color vermell i brillant; si, en canvi, observes que es tornen pastoses i sense brillantor, desconfia, ja que és un mal senyal. A més, l'abdomen no ha d'estar inflat, ni enfonsat, ni trencat, ni tenir taques. Pel que fa a les espines, haurien de ser dures, de color blanc i estar fortament adherides a la carn.

Respecte al marisc, la veritat és que aquí partim amb avantatge, ja que tant les ostres, com les escopinyes, les cloïsses i els muscles s'han de vendre vius. Si en donar-los un petit cop o, simplement, si en tocar-los les parts blanques es tanquen, ens trobem davant d'un molt bon indicatiu. Si els veus tancats o, directament, no són vius, la solució és molt fàcil: no els compris.

En el cas dels crustacis, és a dir, nècores, bous de mar, cabres de mar, llamàntols, gambes o llagostes, per exemple, també s'han de vendre vius, en el cas que no estiguin cuits, és clar. Prioritza, doncs, sempre els frescos, ja que són de millor qualitat: si en donar-los un cop mouen les antenes o les potes, és bon senyal.

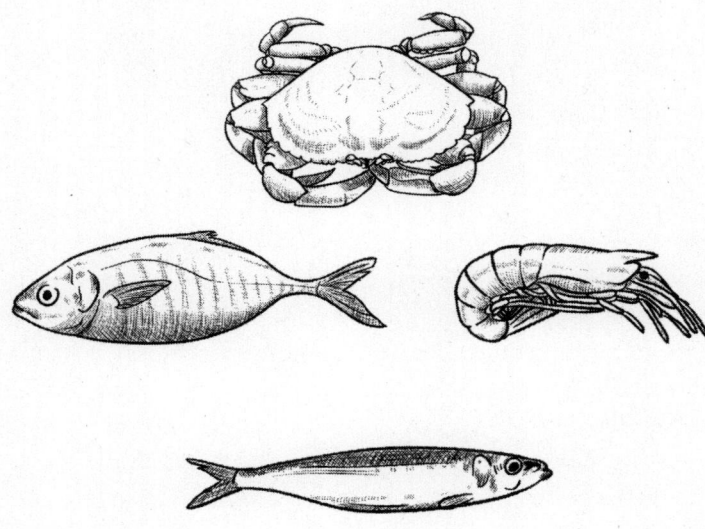

COM COMPRAR CARN

A l'hora de comprar carn, és important que sigui de bona qualitat; però, com ho podem saber? La primera cosa en què ens hem de fixar és que els preparats carnis que comprem tinguin un percentatge de carn igual o superior al 95%. I que aquest preparat vagi barrejat amb espècies o alguna proteïna vegetal perquè es compacti correctament. Potser és la primera vegada que llegeixes alguna cosa sobre aquesta barreja. Si és així, has de saber que aquest preparat ha de portar pocs ingredients, és a dir, que, si veus que en porta més de tres o quatre, desconfia'n i no el compris. I finalment, si aquesta carn pot ser de pastura i, a sobre, nacional, estaràs comprant el bo i millor!

Així doncs: carn de pastura, nacional, amb una barreja equilibrada i amb un 95% mínim de percentatge carni. Això és el que hem de buscar en una carn. Però, què és el que hem d'evitar? Per començar, els additius potenciadors de sabor, com el glutamat monosòdic o tots els que són de la mateixa família; també has de descartar aquelles carns que portin una gran quantitat de cereals o de tubercles, i la raó és ben senzilla: al cap i a la fi, el que volem comprar és carn i no patata o farina barrejada amb la carn; si necessitem cereals o patates els podem comprar per separat, i a un preu més just que no els 10 € per quilo que ens cobraran amb la carn. I, finalment, evita també els colorants innecessaris que porten algunes carns; potser en poden millorar l'aparença, però el que és segur és que n'empitjoren la qualitat nutricional.

Els tres infiltrats

Hi ha tres ingredients que se solen afegir a les carns de mala qualitat per m llorar-ne l'aparença o, fins i tot, el sabor. Els hem d'evitar de totes passades: els sulfits, el gluten i la lactosa.

Un altre tema a part, dins dels productes carnis, són les hamburgueses. Aquestes tenen un component especial que hem de tenir en compte, i és el fet que legalment no han de declarar si porten alguna proteïna vegetal (que, normalment, es tracta de proteïna de soja). Aquesta proteïna s'utilitza per compactar l'hamburguesa i, en alguns casos, pot arribar a representar fins al 30% del producte. Això fa que l'aportació de proteïnes variï tant d'una hamburguesa a una altra, i també explica per què algunes deixen anar més aigua que unes altres, i és perquè la proteïna vegetal fa que aquestes hamburgueses retinguin més aigua que les que són de carn al 100%. És per aquest motiu que t'animo a comprar hamburgueses de qualitat (que sí, existeixen!) a la carnisseria o a una empresa de confiança. Encara que s'hagi demonitzat molt l'hamburguesa, perquè s'ha associat al menjar ràpid i greixós, res més lluny de la realitat: busca'n una que sigui de carn de veritat i veuràs quin canvi.

Pel que fa als greixos, el percentatge màxim de greix que pot portar la carn picada de vedella és del 20% i, en el cas de la carn de porc, s'autoritza un contingut de greixos equivalent al 35%. Quan es barreja carn picada de porc i de vedella, el percentatge de greix ha d'anar barrejat en meitat i meitat. En aquest cas, el de les carns picades, també es poden barrejar amb les proteïnes vegetals fins a un 30%. Això sí, com que no ha d'anar obligatòriament marcat en l'etiquetatge, mai podrás saber si en porta o no, llevat que tinguis confiança amb el teu proveïdor i te n'informi, la qual cosa seria l'ideal. És per coses com aquestes que és tan important el comerç de proximitat, perquè ens fa estar més a prop sempre de la veritat.

A quest apartat no diferirà gaire de l'anterior, el de la carn. Així doncs, recorda aquest nombre màgic: el 95. Busca embotits que tinguin, com a mínim, el 95% del seu contingut de carn. En el cas d'un pit de pollastre o de gall dindi, escull aquells que tinguin fins i tot un percentatge superior a l'esmentat.

A l'hora de comprar un pernil ibèric, assegura't que contingui pernil i sal, res més. Amb aquests dos ingredients en fem prou. No li cal res més; és així de fàcil, la bona alimentació. Ni nitrits ni res. Pernil i sal. Amb el llom passa exactament el mateix: una opció saludable i vàlida és aquella que contingui llom, sal i pebre vermell. Tota la resta no només és innecessari, sinó que connota una baixa qualitat del producte. Als pernils amb dextrosa, el sucre i els altres additius tampoc hi aporten res. Així doncs, si busques un pernil cuit que sigui extra, busca el que tingui un percentatge de carn més alt del 80%; si el trobes per sobre del 95%, cosa que pot ser complicada però no impossible, ja seria la perfecció. Pel que fa als pernils cuits has d'evitar aquells que s'anunciïn com a embotits, ja que no superen el 40% de contingut de carn i, a més, porten massa farcits. I sobretot fixa't bé en si porten el famós glutamat monosòdic o carragahens (un compost químic extret d'algunes algues vermelles i que s'utilitza com a agent espessidor i estabilitzant), els quals són molt comuns en aquests aliments de baixa qualitat.

Finalment, si busques embotits sense gluten i sense lactosa la major part de les vegades trobaràs productes que no porten gaires ingredients innecessaris, cosa que està molt bé, però tingues present que, malauradament, no sempre es compleix aquesta norma. El millor, com sempre, és aturar-te un instant i mirar amb una mica d'atenció l'etiqueta. Ara ja saps el que has de buscar-hi i el que no.

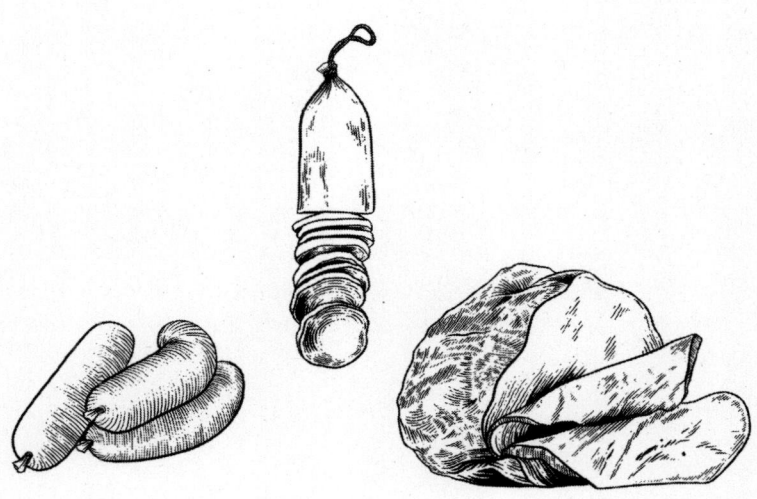

COM COMPRAR LLEGUMS

S i busques llegums en pot, el millor és prioritzar aquelles opcions que portin llegums, aigua i sal. Ja saps, menys és més. Cal evitar aquells pots que continguin, a més, sulfits o metabisulfits; i com que hi ha opcions que no en porten, és possible evitar-los.

Si compres llegums en paquet, busca que siguin d'origen nacional, la qual cosa afavoreix el propi comerç del país i, d'aquesta manera, exerceixes una compra més sostenible.

Opció vegana

Per a les varietats veganes, com tofu o tempeh de diferents llegums, prioritza sempre que portin el llegum, el coagulant i la sal. Això és tot. Una altra opció pot ser que portin vinagre, que millora el pH per a la seva pròpia conservació; aquesta és, sens dubte, una alternativa totalment vàlida i saludable.

Cada dia és més comú veure a les prestatgeries de les botigues i supermercats les pastes de llegum. Doncs bé, la lògica a seguir per determinar si és una bona compra, o no, és la mateixa que hem seguit fins ara: ja saps, menys és més. En aquest cas, els ingredients que hem de buscar-hi són només el llegum o la barreja de llegums, res més.

COM COMPRAR PA

Tot i que les grans indústries cada vegada ens volen embolicar més i complicarnos la vida, la veritat és que comprar pa, del tipus que sigui, és de les coses més senzilles que podem fer a l'hora d'anar a omplir el nostre carretó.

Què ha de portar un bon pa? Aquesta pregunta, que diria que fa uns anys ningú se la formulava, avui dia sembla que sigui com el misteri del Sant Grial. I la veritat és que no pot ser més fàcil. Un bon pa ha de portar el cereal, el llevat o l'emulgent i oli d'oliva verge (o verge extra); i, per arribar a la matrícula d'honor, massa mare, que sempre el millora. El meu consell és que el pa sigui integral: en aquest cas, millor el pa de sègol integral i el pa d'espelta integral que un pa de blat integral; i és que, tot i que el blat s'ha modificat molt durant aquestes últimes dècades, encara té, tot i ser integral, molts antinutrients i un índex glucèmic no gaire saludable.

Els pseudocereals, un encert

Una opció perfecta a l'hora d'anar a la fleca són els pans amb pseudocereals. Tenen aquest nom perquè s'assemblen als cereals, encara que realment no ho són: em refereixo al mill, l'amarant, el tef, el fajol, etc. Aquests pans tenen millors propietats que els d'altres tipus.

Una altra alternativa saludable és el pa de civada. Però alerta: això ens serveix per parlar de la importància de les paraules en els etiquetatges, perquè no és el mateix pa *de* civada que pa *amb* civada: el primer és de civada, mentre que el segon portarà una mica de civada, però serà, majoritàriament, de blat. I ja posats a advertir sobre el lèxic de l'etiquetatge, presta atenció sempre a la paraula natural: se l'afegeix a tots els pans i, com que la seva aparició a les etiquetes no està regulada, pot ser que aparegui en un pa que no sigui gens saludable per a la nostra dieta. Així que no et cegui el fet de veure natural en un pa: pots tenir davant una autèntica porqueria de pa «natural». I és que, legalment, no estan incomplint cap normativa posant aquest adjectiu.

Finalment, evita també aquests pans que portin sucre, greixos hidrogenats com l'oli de palma o altres olis com el de gira-sol (que és un oli de mala qualitat). Al pa, pa (i res més)!

COM COMPRAR BISCOTES, TORRADES O COQUETES

Comprar biscotes, torrades o coquetes, diguem-ho clar ja de bon principi, és senzill. Les biscotes, per exemple, han de contenir cereal (ja saps ara que és preferible que sigui integral i que és millor evitar el blat), oli (d'oliva verge o verge extra, això també ja ho saps) i, opcionalment, llevat (que, dit sigui de pas, no és cap ingredient inadequat per a aquest producte, així que sense problema). Això sí, el que hem de descartar són aquelles biscotes, torrades o coquetes que portin olis de colza, nabina o gira-sol, sucres de qualsevol mena, o bé altres additius que, com és lògic, no són en absolut necessaris en uns aliments tan bàsics com aquests. I recorda: si porten massa mare, genial. La massa mare és un ingredient absolutament recomanable sempre, perquè els prebiòtics mai van malament.

A l'hora de comprar pastes de cereals hem de seguir un mateix patró. És a dir, ens hem de fixar que sigui 100% pasta i que, com a molt, porti algun monoglicèrid o diglicèrid d'àcids grassos (E-472). Personalment, jo prefereixo que no en portin, tot i que és només un additiu per donar volum al producte i que es considera, malgrat els seus detractors, segur. En qualsevol cas, si podem escollir entre una pasta que en porti i una altra que no, jo m'inclinaria més per la que no en porta.

I després, com amb els pans, hauries de prioritzar sempre les pastes integrals en la mesura del possible. Com dèiem abans, és millor prioritzar uns altres tipus de cereals que no siguin el blat, ja que nutricionalment parlant són millors, encara que siguin un pèl més cars.

COM COMPRAR OUS

Dels ous i el seu peculiar etiquetatge, ja n'hem parlat en l'apartat corresponent. L'etiquetatge, com recordaràs, ens dona certes pistes per saber l'origen de cada ou, la qual cosa, com a consumidors, ens interessa conèixer perquè, així, sabem si són ous ecològics, de gallines campestres, etc. Però més enllà de l'etiquetatge, tenim altres maneres de saber si un ou és de bona qualitat o no, o si és fresc.

El truc que t'explicaré és molt senzill, però eficaç: l'únic que necessites per saber si un ou és fresc o no és tenir un got d'aigua. Posa l'ou al fons del got: si flota, és que no és fresc, perquè hi ha entrat aire i no està en bon estat. Per contra, si no flota, estem davant d'un ou fresc i perfectament saludable.

Una altra manera de saber si un ou es troba en un punt perfecte és observant-ne la clara, que, per anar bé, ha de ser clara i gelatinosa. En canvi, si fa una olor forta, com de sofre, i té un color verdós, comença a sospitar de la seva qualitat.

Ja has vist que és molt important despertar els nostres sentits a l'hora de determinar si un producte és fresc o no. Recordes el que fèiem en comprar peix? Com veus, amb els ous, passa el mateix, que podem esbrinar-ne l'estat utilitzant el nostre olfacte, la nostra vista... i també el nostre tacte i la nostra oïda. Et proposo el següent: agafa un ou i sacseja'l, com si estiguessis preparant un còctel. Si sents com una mena de xipolleig a l'interior és que aquest ou no està en bon estat, el pots descartar.

Com sempre dic, menys és més. Tornem a la senzillesa. Tant les farines de cereals i de pseudocereals com de llegums o altres tan sols han de seguir un patró: i és que siguin 100% i no estiguin barrejades amb res més. Per tant, has de comprar les que no portin cap additiu per a la seva conservació, ja que és un producte que, com que no conté aigua, té una caducitat llarga i segura. Tan fàcil com això.

COM COMPRAR CEREALS INFLATS O CEREALS D'ESMORZAR

S egur que arribats a aquest punt del llibre ja ets capaç de sospitar quin tipus de cereals d'esmorzar has de comprar. Doncs sí, només els que portin el 100% de cereals. No necessitem en absolut que continguin qualsevol altra cosa: ni greix de palma, ni oli ni res. És a dir, podem oblidar-nos d'aquells cereals inflats que portin sucres, maltodextrines, mels, xarops de glucosa, o altres endolcidors com maltitol o sorbitol, per desgràcia tan freqüents en aquests productes.

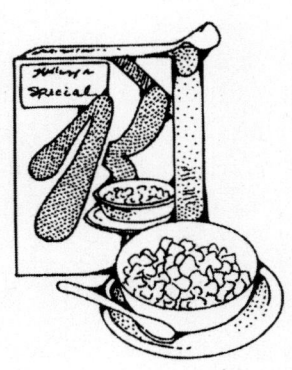

COM COMPRAR FRUITA SECA

Lla regla bàsica a l'hora de comprar fruita seca és adquirir, preferiblement, aquella que porti closca. Sí, pot ser que ens faci mandra el fet d'anar pelant-la, però pensa que aquesta closca existeix per a alguna cosa; el que fa és protegir l'aliment i evitar que s'oxidi, amb la qual cosa es manté durant més temps en millor estat, com passa, per exemple, amb les nous californianes.

D'altra banda, si la fruita seca és torrada, encara millor, així eliminem els seus antinutrients i millorem l'absorció de nutrients, la qual cosa ens en facilita la digestió.

Ja sabem, doncs, que ha de tenir closca i ser torrada, però... ¿què hem d'evitar en la fruita seca? En primer lloc, els olis de cotó. Aquest tipus d'oli s'utilitza només perquè la fruita seca tingui una aparença més atractiva, molt més brillant i apetitosa. També hem de deixar de banda la que contingui olis de gira-sol o de palma, que són absolutament innecessaris des d'un punt de vista nutricional. També cal que evitem la que vagi acompanyada de sucres o maltodextrines, que són molt comunes en els còctels de fruita seca, per exemple. Els colorants, que són aquí també només per millorar-ne l'aspecte, no ens serveixen de res i, malgrat això, és molt comú veure'ls en aquests productes. I, finalment, evita que porti potenciadors de sabor com glutamat monosòdic o extracte de llevat, molt presents en els còctels de fruita seca.

I ja saps, si pots adquirir producte nacional, perfecte. En el cas que hi hagi producció nacional sempre és millor opció i més sostenible per al medi ambient.

COM COMPRAR CREMES DE FRUITA SECA O CREMES DE LLAVORS

En les cremes de fruita seca de cacauet, avellanes, ametlles, festucs o la tahina i similars hem de prioritzar aquelles que siguin 100% de contingut d'aquesta fruita seca (o, en el cas del cacauet, 100% de contingut de llegum, ja que el cacauet és un llegum).

De vegades els barregen amb olis de mala qualitat, amb sucres o, més recentment, amb dàtils o farina de dàtils per endolcir el producte sense haver de recórrer al sucre afegit. El que passa és que el dàtil presenta un alt contingut en fructosa, la qual cosa, en una persona sedentària, no seria la millor opció. També se'ls sol afegir llet desnatada, la qual farà que la crema quedi, valgui la redundància, més cremosa i la seva aportació de proteïna augmenti. Això sí, també augmentarà la seva aportació de sucres; això, en si mateix, no és ni bo ni dolent. Potser en una crema de fruita seca no busquem això, però llevat que siguem intolerants a la lactosa, no aportarà res positiu ni negatiu per a la teva salut el fet que porti llet desnatada.

Aquestes cremes poden portar oli de coco verge o oli d'oliva verge, que són un parell d'opcions que sumen. El que sí que hem d'excloure de la nostra llista de la compra són aquelles cremes de fruita seca que portin polialcohols com a primers ingredients: eviteu el maltitol, sorbitol i d'altres. Personalment, considero que, si han de contenir algun endolcidor, que sigui estèvia i, com a molt, sucralosa, però la resta d'endolcidors, evita'ls. I, finalment, tingues present que els carragahens, dels quals ja hem parlat, no són gens recomanables.

Educar el paladar

Ara que, llegint aquest llibre, mostres interès a fer una compra més saludable i nutricionalment apta, pot ser un bon moment per anar educant el teu paladar. Comença a consumir cremes sense edulcorar i sense sucres afegits. Com menys sucre consumeixis, menys sucre et demanarà el teu paladar i, per tant, el teu cos.

COM COMPRAR LLAVORS

S eguim amb la nostra filosofia de no complicar-nos la vida: intenta sempre buscar en totes les opcions els productes que siguin 100% de llavors, sense cap additiu més. El més probable que et trobis, en aquests casos, són els olis que serveixen per millorar l'aparença del producte. No els necessitem en absolut.

Fixa't sempre que el cacau no vagi barrejat amb cap altre ingredient. Ha de ser cacau al 100%, però és que a més és important observar que no estigui ni desgreixat ni alcalinitzat. Aquests dos processats provoquen que el cacau perdi qualitats molt interessants i beneficioses per al nostre organisme. L'alcalinitzat, per exemple, modifica el sabor del cacau, alhora que li fa perdre antioxidants i aportacions remarcables. I el fet de desgreixar-lo fa que el cacau perdi part del seu greix, cosa que rebaixa el nivell de beneficis que ens podria aportar si no ho estigués.

En el cas de la xocolata hem de prioritzar sempre aquella amb més contingut de cacau: si encara no t'has acostumat a menjar xocolata intensa, et recomano que comencis, durant un temps que et servirà d'adaptació, amb la del 75% fins que el teu paladar s'hi hagi acostumat i puguis menjar, amb gust, la xocolata del 90% que, al meu entendre, és la més interessant. Evita que porti sucre, doncs, o si t'és imprescindible, que sigui en la menor quantitat possible. Si aquest és el teu cas, que necessites que la xocolata tingui aquest punt dolç, et recomano que porti pasta o mantega de cacau, cacau magre en pols o fins i tot vainilla; són una bona opció per endolcir.

Hi ha algunes xocolates a les quals els afegeixen fibra de xicoira o altres fibres vegetals que són molt interessants. Sobretot, hem d'obviar edulcorants com els polialcohols, que ja coneixes sobradament. N'hi ha alguns que porten llet desnatada en pols o llet en pols; bé, és una altra manera d'endolcir la xocolata sense que n'augmenti de manera directa el sucre.

Però el que sí que hem d'evitar tant sí com no és l'arxiconegut oli de palma: no és gens recomanable ni per a nosaltres ni per a la sostenibilitat del planeta.

Per a molta gent comprar fruita i verdura és tan fàcil com anar a la verduleria, o al supermercat, i anar escollint aquella que no presenti cap màcula o que tingui un aspecte brillant i apetitós. Doncs bé, hi ha una millor manera de comprar fruita i verdura, més sàvia i amb millors resultats per a la nostra salut.

El primer pas per comprar fruita i verdura de bona qualitat és prioritzar que sigui de proximitat. Avui dia això és fàcil saber-ho perquè, per llei, tota fruita ha d'especificar quin és el seu origen. Evitem, doncs, la fruita que ha de recórrer quilòmetres i més quilòmetres per arribar a nosaltres. Si, a més, comprem fruita i verdura de temporada, ens assegurem que és de millor qualitat, ja que no estarà guardada en cambres frigorífiques fora de la seva temporada.

Un altre factor que suma és que sigui d'agricultura biològica o ecològica; això ens assegura que per a la conservació d'aquesta fruita i verdura s'hagin utilitzat 200 substàncies menys que si hagués estat conreada en l'agricultura convencional. Cal dir, a més, que és molt important no comprar fruita i verdura que estigui envasada en plàstics, ja que no tenen cap sentit (la fruita no necessita més protecció o embolcall que el seu propi) i només perjudica el medi ambient.

Fruita i verdura congelada, a favor o en contra?

Sovint, tot allò que està congelat està molt demonitzat. Però això respon més aviat a un prejudici o llegenda, ja que no hi ha cap evidència científica que ens indiqui que les fruites i verdures congelades no tinguin les mateixes vitamines, minerals i propietats que les fresques. Lògicament, hem de buscar aquelles verdures congelades que només portin verdures, ni olis ni additius innecessaris.

I els sucs de fruita? Bé, les fruites en suc no són tan beneficioses com les fruites fresques. L'explicació és que, en suc, consumim la fructosa de la fruita i no tota la seva fibra ni les seves propietats al 100%. El que sí que és una molt bona opció —pren-ne nota— és la fruita deshidratada.

En el cas de la verdura, una bona opció és comprar-la en format puré o crema. Només hauràs de fixar-te que no contingui olis de mala qualitat, ni farines de blat, ni midons.

Verdures o tubercles

En aquest cas hem de seguir les mateixes premisses que seguim amb la fruita i la verdura: proximitat, millor comprar-ho en malla (si són reutilitzades o reciclades) que en plàstics i, en la mesura del possible, que siguin de producció ecològica o biològica.

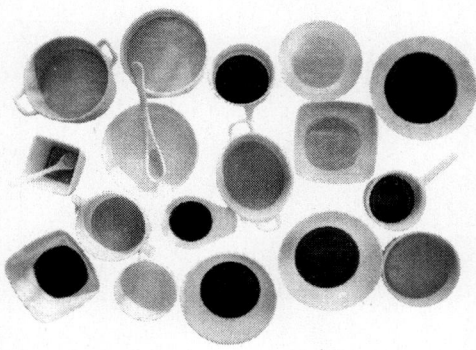

En aquest apartat hem de diferenciar els diferents tipus d'oli que hi ha al mercat, ja que no és el mateix escollir entre els diferents olis d'oliva que hi ha que fer-ho entre els de soja, gira-sol o coco, per posar-ne alguns exemples. Anem pas a pas!

Oli d'oliva

Aquesta és, sens dubte, la millor opció. I si volem el bo i millor, hem de comprar l'oli d'oliva verge extra, que és el que té una quantitat d'antioxidants i de vitamines més gran. Però si la teva butxaca no t'ho permet, no et preocupis, l'oli d'oliva verge és una molt bona opció també, ja que porta molt bones propietats. Si comprem olis amb denominació d'origen ens assegurem que la zona de l'oliva és immillorable i que el seu control de processament és exhaustiu.

Per contra, l'oli que hem d'evitar és el d'oliva refinat o el d'oliva a seques, ja que són els olis anomenats llampants, que amb prou feines tenen beneficis per al nostre organisme.

¿Podem detectar possibles adulteracions de l'oli d'oliva? Sí. I ho podem fer sacsejant l'ampolla que el conté. Si no hi ha barreja, les bombolles desapareixen ràpidament. I un altre petit truc: posem unes gotes d'oli sobre un glaçó de gel; si veiem que coagulen ràpidament això voldrà dir que aquest oli d'oliva està adulterat.

Oli de coco

En aquest tipus d'oli hem d'evitar sobretot que l'hagin recollit micos, que pateixen per fer una feina que, lògicament, no els correspon. Aquesta pràctica és comuna en la recollida dels cocos. Comprar bé també és comprar responsablement i evitant el maltractament animal.

L'oli de coco ha de ser verge i extret en fred. Si, a més, és d'agricultura ecològica o biològica, millor, ja que tindrà millors propietats. Si la teva economia t'ho permet, permet-te aquest caprici. D'altra banda, que l'oli de coco sigui verge extra no té cap sentit, ja que aquesta denominació només és per a l'oli d'oliva. Si veiem en qualsevol altre tipus d'oli la denominació «verge extra» dona per fet que et trobes davant d'un altre intent maldestre de màrqueting i d'intentar enganyar el consumidor.

Oli de gira-sol

L'oli de gira-sol, pel seu alt contingut en omega-6, no és recomanable ni per consumir en cru ni per cuinar. El problema és que se satura molt ràpidament. Veuràs que de vegades es diu que existeix un oli de gira-sol de bona qualitat, que és l'anomenat oli de gira-sol alt oleic; però no t'has de deixar enganyar, no és, en cap cas, un oli recomanable.

Oli de soja

Ho hem de posar al mateix sac que l'oli de gira-sol: tampoc és gens recomanable, ni per consumir en cru ni per cuinar.

Oli de blat de moro

L'oli de blat de moro és un oli molt comú, igual que el de soja, per al seu consum, sobretot als Estats Units. Però com que nosaltres vivim en un país que disposa d'un oli d'oliva de gran qualitat, el recomanable és deixar l'oli de blat de moro per als que el vulguin; nosaltres ens quedem amb el d'oliva, que no té rival.

Oli d'alvocat

L'oli d'alvocat està molt de moda darrerament i ja es veu en molts supermercats. És un oli d'una fruita que té àcids grassos de bona qualitat que milloren la nostra salut i, per tant, és una bona alternativa per utilitzar en cru.

Altres olis

Respecte als altres olis que se solen vendre al supermercat, com són els olis de nou, de lli, de sèsam i d'altres, hem de buscar que sempre siguin olis premsats en fred. I evitar mescles de diversos olis, ja que això afavoriria una barreja no recomanable. I és que, normalment, quan es barregen diversos olis el resultat sol ser una barreja d'olis de mala qualitat que no són gens interessants per a la nostra salut.

Vinagres

Hi ha dos tipus de vinagres, principalment, al mercat. Un d'ells és el vinagre de poma, que ha de portar només vinagre de poma al 100%. En el cas del vinagre de vi, l'equació ha de ser la mateixa: portar vinagre de vi al 100%.

El que hem d'evitar dels vinagres és que continguin metabisulfit potàssic o sulfits en general, ja que no són gens recomanables, perquè poden augmentar el risc d'al·lèrgies, fogots, taquicàrdies, sibilàncies, urticàries, marejos, malestar estomacal, formiguejos i fins i tot diarrees. Tampoc és interessant que portin diòxid de sofre com a antioxidant, ja que també conté sulfits.

D'altra banda, que tinguem entre mans vinagres sense pasteuritzar, avui dia, no ens proporciona més beneficis que possibles perjudicis, amb la qual cosa em mostraria bastant prudent amb això.

Mostasses

Per comprar bones mostasses hem d'assegurar-nos que portin el necessari i res més. I què és el necessari, et preguntaràs, en una mostassa? Aigua, vinagre, mostassa en gra, sal i llestos. Pot portar, opcionalment, cúrcuma, all en pols, pebre vermell i altres espècies sense cap problema.

És millor evitar les que continguin midons modificats o goma de guar o goma xantana; no obstant això, tot i ser innecessaris, poden portar aquests midons sense que això sigui realment perjudicial per a nosaltres. Ni ens aporta ni ens treu res. El que sí que hem d'evitar és que portin carragahens com a emulgent, ja que això sí que no és gens recomanable per a la nostra salut. Així mateix, millor no comprar els xarops de glucosa, sucres o mel. També ens hem d'estalviar totes aquelles mostasses que continguin sulfits, gens recomanables per al seu ús habitual.

D'altra banda, l'ideal és que aquesta salsa no porti més de 3 grams de sal per cada 100 grams. I, finalment, intenta buscar mostasses amargues abans que les dolces. Si trobes alguna mostassa amb algun conservador, com sorbat potàssic o benzoat sòdic, no et preocupis, la pots consumir tranquil·lament.

Sí que volia fer un punt i a part amb l'EDTA, que és un antioxidant: hem de refusar les mostasses que el portin. De fet, ja s'ha començat a prohibir pels seus efectes negatius per a la salut. El podem trobar en salses, però també en begudes, condiments, vinagres, vitamines, suplements alimentaris i conserves.

Quètxups

Per comprar bons quètxups la idea principal és que descartem la compra d'aquells que continguin més de 5 grams de sucre per cada 100 grams d'aliment. Evitem, doncs, aquells que portin xarops de glucosa, sucres i similars. Un bon quètxup també ha de portar vinagre d'alcohol i/o suc de llimona concentrat (com a conservant ideal), i pot dur també espècies, que són sempre una bona aportació.

Si veus que conté alguna aroma i algun emulgent, no hi ha cap problema, ja que avui dia són innocus. També pot portar els dos conservadors dels quals hem parlat en l'apartat de la mostassa (sorbat potàssic i benzoat sòdic), perquè són innocus per a la nostra salut.

Finalment, crec que hi ha alguns quètxups que porten fibres vegetals; no et preocupis, aquestes fibres ajuden tant en la textura com en el sabor i són opcions segures.

Maioneses

La veritat és que és complicat trobar bones maioneses al supermercat; normalment, porten coses rares o ingredients innecessaris. Res a veure, és clar, amb la que podem fer a casa. Però bé, si no hi ha cap altra opció que comprar-la de pot, sí que hi ha alguna marca adequada, tot i que és l'excepció que confirma la regla.

Què ha de portar una bona maionesa? Aigua, rovell d'ou, vinagre, sal i suc de llimona. També ha de contenir un bon oli, com el d'oliva verge extra o el d'oliva verge, que és menys àcid. També és possible que porti algun conservant segur com el sorbat potàssic o algun estabilitzant, com la goma xantana o la goma de guar, si la comprem al súper.

El que sí que hem d'evitar és que porti oli de gira-sol, que de fet és l'oli amb el qual estan fetes el 99% de maioneses del supermercat, i també aquelles marques que continguin sucre o xarop de glucosa, ja que són del tot innecessaris en una maionesa. N'hi ha que també poden portar oli de colza o de soja, o fins i tot potenciadors de sabor com el glutamat monosòdic: no els hem de prestar cap atenció, a aquestes salses, ja que no necessiten per a res aquests ingredients. Així mateix, la maionesa tampoc té cap necessitat de portar midons de blat o d'altres cereals i, no obstant això, en moltes ocasions en porten. Ja saps, toca llegir etiquetes i consumir amb encert.

Salses zero

Les salses zero són aquelles que amb prou feines porten quilocalories o que no contenen sucres afegits. Són dues opcions vàlides que, per sort, cada vegada abunden més a les prestatgeries dels supermercats. Així doncs, una bona salsa zero no ha de portar colorants; tingueu en compte que moltes salses, com que tenen un alt contingut en aigua, incorporen colorants perquè no tinguin aquesta aparença tan aigualida. Aquests colorants, que poden ser el diòxid de titani o el caramel de sulfit, no són gens recomanables. Per evitar aquesta aquositat, aquestes salses porten additius emulgents, com goma de guar o goma xantana, que serveixen per donar volum a la salsa sense a penes aportar calories al producte.

És important refusar els antioxidants, com l'EDTA, que no són opcions gens saludables. D'altra banda, pot ser que porti algun edulcorant per potenciar-ne el sabor dolç; en aquest cas, el millor seria la sucralosa o l'estèvia i refusar la sacarina, l'acesulfam, el ciclamat i l'aspartam, que ja saps que són edulcorants que no ens aporten res (al contrari). I, especialment, evita que porti maltitol com a polialcohol, ja que és la manera més fàcil, i menys saludable, d'endolcir aquest tipus de salses.

Tomàquets fregits o concentrats de tomàquet

Encara que sigui un aliment que aparentment ha de ser fàcil de comprar, la gran indústria hi introdueix una quantitat d'ingredients i additius totalment innecessaris per a la nostra salut, però que resulten útils per a la seva economia, ja que amb ells abarateixen costos, en detriment de la qualitat de l'aliment.

Així doncs, un bon concentrat de tomàquet portarà tomàquet al 99% i un polsim de sal. En el cas del tomàquet triturat passa el mateix: un 99% de tomàquet i una mica de sal. I en tots dos casos, això sí, poden portar algun antioxidant o acidulant, com l'àcid cítric, que avui dia són totalment segurs.

I què passa amb el tomàquet fregit? Estem parlant del més consumit i, alhora, el més complex d'explicar. A veure: un bon tomàquet fregit ha de contenir tomàquet (moltes vegades es presenta en diferents formes, com tomàquet, productes sec o tomàquet concentrat), un bon oli d'oliva verge o verge extra i sal. I res més. Encara que sembli difícil de creure, hi ha pocs productes amb aquesta composició al mercat. Oblida't d'aquells tomàquets fregits que portin oli de gira-sol, sucre o midons modificats que, tot i que són segurs, no tenen cap raó de ser en un tomàquet fregit. El truc rau en el fet que porti una bona quantitat de tomàquet i un bon oli perquè el producte final no quedi gaire líquid.

Per cert, si ets dels que creuen que tot allò que ha estat fregit no ha d'entrar a la teva dieta saludable, en aquest cas t'estaràs equivocant, ja que el tomàquet té un antioxidant molt important, el licopè, que, fregit, encara potencia més la salut de la pròstata en l'home i la qualitat del cabell en la dona, entre altres molts beneficis. Vaja, que és una tècnica perfecta per treure suc a un aliment tan espectacular com el tomàquet.

Per comprar una bona beguda vegetal hem de fixar-nos en diverses coses, però, començant per la més important, és que no sigui hidrolitzada. Aquest tema és molt controvertit. He de dir que jo vaig ser el primer que va analitzar aquest aspecte, a Instagram i altres xarxes socials, en un moment en què ningú en parlava, perquè amb prou feines era un tema conegut. Doncs bé, el fet de tenir curiositat, com tu ara amb aquest llibre, fa que vagis un pas per davant de la resta i puguis anticipar certs inconvenients o problemes que puguin sorgir més endavant.

Què és una beguda hidrolitzada? Moltes vegades, perquè un cereal es pugui beure i no es dipositi en el fons, sigui indigest o tingui un sabor amarg, el que fan les indústries és triturar-lo (o hidrolitzar-lo). D'aquesta manera aconsegueixen que es pugui beure amb un millor sabor, ja que guanya en dolçor, i a més es dissol millor. Llavors, on és el problema? Doncs que en hidrolitzar-se provoquem que augmentin els sucres intrínsecs o propis de l'aliment. I igual que d'una fruita, que és totalment saludable, en traiem un suc que, de saludable, en té més aviat poc, a partir d'un vegetal, fruita seca o un altre aliment, n'extraiem una beguda hidrolitzada vegetal que, de saludable, tampoc en té gran cosa. En resum: una beguda vegetal no ha de ser hidrolitzada. Per saber, doncs, si la beguda que estem a punt de posar al carretó de la compra és hidrolitzada o no, hem de mirar, en els seus macronutrients, que no superi el gram de sucre per cada 100 mil·lilitres de beguda. No perdis el temps mirant els ingredients, ja que no hi podràs descobrir si està hidrolitzada o no, perquè legalment no ho ha d'indicar.

A més, una bona beguda vegetal ha de portar aigua en una quantitat mínima del 90%, i després el vegetal, cereal o fruita seca amb la qual estigui feta, ja sigui soja, anacard, cànem, ametlla, civada, arròs, etc. Per descomptat, no ha de portar mai oli de gira-sol, de colza o d'algun altre oli perjudicial o no saludable. Però tornem al que dèiem de les begudes hidrolitzades. No em cansaré de repetir el que poden ser, perquè hi ha moltes begudes hidrolitzades que superen els 5 grams per cada 100 ml —fins i tot n'hi ha que arriben a 10 grams—, la qual cosa supera, amb un sol got d'aquesta beguda vegetal, la quantitat de sucre recomanada per l'OMS en tot un dia. Evidentment, això no es comenta sovint perquè a aquestes grans indústries no els interessa gens ni mica que se sàpiga, però aquí intentem que no ens deixin enganyar. Si la beguda vegetal ha de portar algun edulcorant hem de prioritzar la sucralosa o l'estèvia per davant de tots els altres. El fet d'afegir-hi vainilla per donar-li un toc saborós i ric és una molt bona opció.

Si vols aprofundir una mica més en el tema de les begudes hidrolitzades, mira't el vídeo en el qual en parlo:

QUÈ SÓN LES BEGUDES HIDROLITZADES?

COM COMPRAR LACTIS

Llet

Una bona llet ha de contenir, com a ingredient, únicament llet. Pot semblar simplista, però creu-me si et dic que costa trobar llets amb un únic ingredient. Les llets pensades per als nens petits porten aigua, oli de gira-sol, oli de palma, sucre, etc. I segur que ara mateix t'estaràs preguntant, però això com pot ser possible? Fixa't en totes les begudes amb dibuixets perquè els més petits de casa quedin embadalits i veuràs com ens la intenten colar: i és que comprar llet amb sucre no té cap sentit, però comprar aigua amb una mica de llet —i a preu de llet— frega el ridícul, l'engany total i l'estafa. Llavors, responent a la pregunta de com pot ser possible: doncs perquè, malauradament, no és il·legal.

Personalment, prefereixo comprar llet de cabra i ovella perquè, com t'explicaré més endavant, digestivament van molt millor. Si, a més, s'hi afegeix lactasa, l'enzim que ajuda a digerir la lactosa, això facilitarà les nostres digestions en gran manera. Que estigui enriquida amb vitamines i minerals no em sembla una mala opció, tot i que normalment la quantitat que contenen és insignificant i sol ser mínima, només per poder-ho posar en l'etiquetatge i, d'aquesta manera, aconseguir un bon reclam. Una altra tècnica de màrqueting que, si no estem atents, ens dona gat per llebre.

En resum, compra't una llet normal i corrent i, si necessites reforçar-la amb vitamines i minerals, fes-ho amb algun suplement de qualitat a part. Les noves modes d'afegir-hi proteïnes, fibra o altres ingredients, sincerament, no tenen gaire sentit i l'únic que fan és encarir el producte. Ah, per cert, l'afegit de trifosfats o E-451 no té cap lògica en una bona llet.

Formatges

Un bon formatge ha de contenir com a ingredients llet, coagulant, estabilitzant o enduridor (és opcional), ferments lactis (la font de probiòtics és la millor part de l'aliment) i finalment sal. No té necessitat de portar res més. El fet que porti colorants per a la pell, en principi, no ens afecta, perquè no hem de menjar el que recobreix el formatge. Ara bé, que porti conservadors, antiaglomerants, correctors d'acidesa o mantegues la veritat és que no li fa cap bé, a un bon formatge.

D'altra banda, darrerament he detectat que està de moda afegir-los proteïnes de llet, la qual cosa no la veig ni bé ni malament; això sí, moltes vegades aquesta proteïna va acompanyada d'un eslògan en gran i un injustificat augment de preu, i això ja em sembla més censurable.

I en lactis també, com he dit anteriorment, sempre recomano que siguin de producció nacional perquè siguem tan sostenibles com sigui possible. A més, per sort vivim en un país que és un gran productor de formatges d'alta qualitat. Personalment, per la seva caseïna diferent i la seva menor quantitat de lactosa i major contingut en calci, prefereixo els formatges d'ovella i de cabra als de vaca. En aquest sentit, podem tenir en compte que els formatges de búfala tenen a penes contingut de lactosa i digestivament van molt millor que els altres formatges.

Quefir i iogurt

Els quefirs han de contenir, com a ingredients, llet de cabra o ovella, preferiblement, si no de vaca, ferments làctics de quefir o llevats de grànuls de quefir i res més. Si se'ls afegeix llet en pols és per abaratir el cost del producte i endolcir-lo. I si veus que un quefir, a més, porta proteïnes de llet, no passa res, això ni ens suma ni ens resta. En definitiva, en el cas dels quefirs és fàcil: si porta els dos ingredients que ha de portar, genial, i, si en porta més, sospita.

Pel que fa als iogurts, succeeix una mica el mateix que amb els quefirs: han de portar els mateixos ingredients, però, en comptes de ferments làctics de quefir, han de tenir ferments lactis; en tota la resta, hem de buscar que portin i que no continguin el mateix que els quefirs.

AIGÜES A ESPANYA

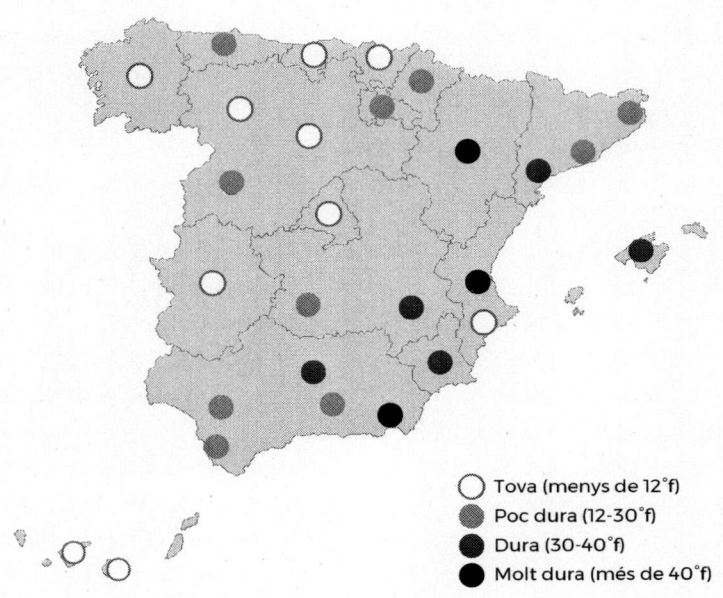

○ Tova (menys de 12°f)
● Poc dura (12-30°f)
● Dura (30-40°f)
● Molt dura (més de 40°f)

Encara que sembli que l'aigua no té més misteri, la veritat és que comprar-ne una que sigui bona és realment complex. Si t'interessa especialment aquest tema, et recomano el llibre *Más claro que el agua: Todo lo que deberías saber del agua mineral natural y nunca te han contado* (d'Amat Editorial).

En qualsevol cas, vull que després de llegir aquest apartat tinguis una idea clara sobre què és el que hem de buscar en una aigua perquè sigui de qualitat. El primer que et preguntaràs és si l'aigua de l'aixeta és la millor opció o, si més no, si és una bona opció. Sento dir-te que no, en absolut. Els descalcificadors que puguem tenir a casa, que són més que necessaris per la quantitat de calci que conté l'aigua a Espanya, no són una solució per a l'aigua de l'aixeta.

Si voleu saber si l'aigua a Espanya és bona, a la pàgina anterior teniu un petit mapa sobre com és a cada comunitat. (El nivell de duresa no és més que la quantitat de **sals dissoltes de calci i magnesi** que conté l'aigua.)

Visquis on visquis, igualment et recomanaria que tinguis una màquina d'alcalinització de l'aigua i per al seu tractament. Jo utilitzo la marca Alkanatur, tant en gerres com en filtres d'aigua per a dutxa i també per a la cuina; sens dubte, és una molt bona opció. Per reduir el consum de plàstics i ser més sostenibles, aquesta opció és millor que la compra d'ampolles d'aigua. En cas de poder triar, em decantaria per ampolles o gerres de filtració sense PVC o sense PET, que és el cas de les gerres d'Alkanatur.

Ara bé, si la teva opció és comprar aigua embotellada, el millor és que aquesta aigua sigui aigua alcalina o tingui un bon pH i sigui de mineralització baixa, cosa que és gairebé impossible de trobar al mercat. Trobaràs, per exemple, moltes aigües de mineralització feble, però amb un pH àcid; o, si no, trobaràs aigües amb un bon pH, però amb una mineralització superalta, amb gran contingut de bicarbonats i minerals alcalinitzants de mala qualitat. I tot i que a Espanya no estan obligats a posar el pH de la seva aigua, a diferència d'altres països, com França i la resta d'Europa, et recomanaria que et fixis bé en el pH, la seva mineralització i, si pot ser, que compris aigües que estiguin embotellades en un bon plàstic, que no sigui PVC ni PET. No cal ni dir que el vidre és una opció interessant.

Per cert, com a últim consell sobre aquest tema: recorda beure, almenys, 1 litre d'aigua per cada 30 kg de pes corporal al dia. Així doncs, si peses 60 kg, estaria bé que beguessis 2 litres d'aigua cada dia.

COM COMPRAR KOMBUTXES O REFRESCOS

Per comprar una bona beguda de kombutxa, hem d'escollir la que contingui només aigua i sucre (no més de 4 grams de sucre), que és el que necessita el llevat per fermentar i fer el seu procés de fermentació correctament; també ha de contenir te, perquè sigui considerat un te kombutxa, i, finalment, el cultiu de kombutxa, que és un conjunt de bacteris i llevats. Aquestes begudes són molt saludables per a la nostra microbiota.

D'altra banda, les begudes o refrescos amb zero sucres són una opció viable, i molt puntualment, sempre que sigui a base d'aigua carbonata o aigua normal, alguna aroma i algun edulcorant, com sucralosa o glicòsids d'esteviol —normalment portarà algun ingredient per donar-li un sabor juntament amb l'edulcorant i l'aroma—, però hem d'evitar que porti edulcorants perjudicials dels quals ja hem parlat en apartats anteriors; colorants com caramel, que tampoc són gens saludables, i sobretot que no porti àcid fosfòric (com succeeix amb la famosa marca de cola, que no és gaire saludable... tret que sigui per desembossar canonades).

Pel que fa als refrescos convencionals o ensucrats, òbviament, s'han d'evitar, ja que contenen una gran quantitat de sucre que no és gens saludable. I no, no et deixis enganyar, els que porten suc, llevat que sigui suc de llimona, no són gens saludables tampoc.

En aquest apartat no et diré que l'aràbic és millor que el colombià, per exemple, ja que estaríem entrant en el terreny dels sabors, que és totalment personal i gens objectiu. El que sí que cal tenir en compte és que es tracti d'un cafè compost al 100% de cafè i sense gens de sucre; així ens assegurem que el cafè no és torrefacte, amb la qual cosa obtindrem millors beneficis i evitarem el sucre, com ja hem vist quan parlàvem dels sucres afegits. A més, com que no és torrefacte, sabem que el seu torrat no és tan perjudicial. I si t'interessa saber quin contingut de cafeïna porta, aquest estimulant que molts necessitem per despertar-nos, aquí et deixo una taula que et serà útil:

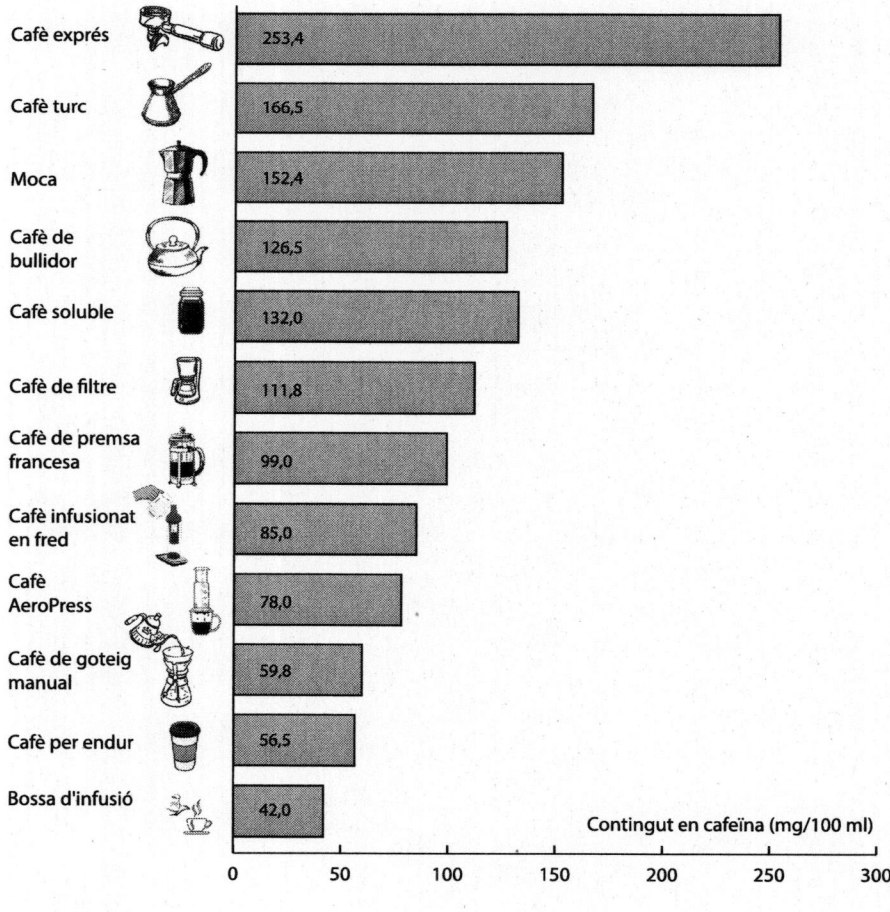

Tipus	Contingut en cafeïna (mg/100 ml)
Cafè exprés	253,4
Cafè turc	166,5
Moca	152,4
Cafè de bullidor	126,5
Cafè soluble	132,0
Cafè de filtre	111,8
Cafè de premsa francesa	99,0
Cafè infusionat en fred	85,0
Cafè AeroPress	78,0
Cafè de goteig manual	59,8
Cafè per endur	56,5
Bossa d'infusió	42,0

Per comprar un bon te, hem de prioritzar que només contingui aquest ingredient, sense res més; sobretot cal estar alerta que no porti maltodextrines, que són bastant comunes en els tes. El fet que vagi a granel o en bosseta és indiferent, tot i que sempre és preferible a granel. I si, a més, podem comprar-lo amb algun segell de denominació d'origen, ideal. Quins tipus de te està bé que consumim? A parer meu, les opcions ideals són el te verd, el te negre, el te blanc, el vermell i el wulong. Pel que fa al te verd, n'hi ha de diferents tipus:

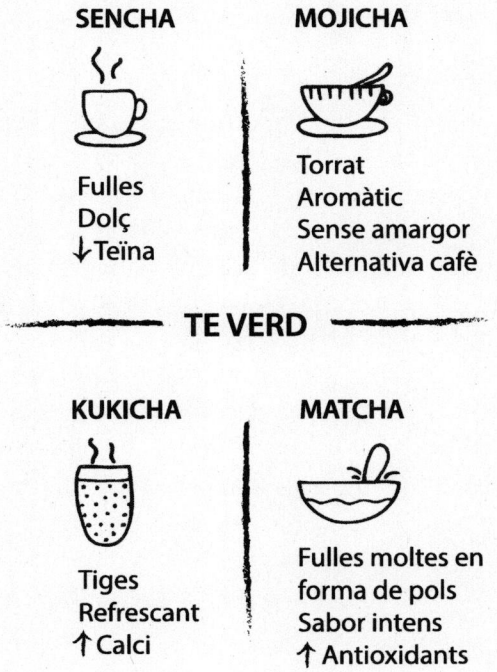

SENCHA

Fulles
Dolç
↓Teïna

MOJICHA

Torrat
Aromàtic
Sense amargor
Alternativa cafè

TE VERD

KUKICHA

Tiges
Refrescant
↑ Calci

MATCHA

Fulles moltes en
forma de pols
Sabor intens
↑ Antioxidants

En el cas de les infusions hem de prioritzar les que són 100% d'aquesta planta i sense cap endolcidor ni ingredient més, així sabrem que no està gens modificat de manera innecessària.

COM COMPRAR POSTRES, QUEFIRS O IOGURTS VEGANS

Primer de tot hem de comentar que existeixen iogurts o quefirs vegans, que porten els mateixos bacteris que en format lacti, però amb ingredients que no són d'origen animal. Fet aquest incís, per comprar unes bones postres veganes hem de prioritzar les que porten beguda de coco, de soja, d'anacard o similar. Com a segon ingredient han de contenir algun midó, la qual cosa afavorirà el volum i la cremositat de les postres.

El fet que siguin de gust afruitat l'únic que provocarà és que continguin més contingut de sucre o fructosa de forma afegida i deixin de ser, doncs, una opció saludable. Per això hem de prioritzar que continguin el seu ingredient principal, midó, sal i ferments, res més. L'únic que podríem afegir en aquestes postres són vitamines o minerals de reforç, com calci o vitamina D, que, encara que no els portin mai en gran quantitat, tot suma i em sembla un encert.

En aquest cas hem de prioritzar les opcions que continguin carn en major quantitat del 80%; com més quantitat, millor, com és obvi. Com a segon ingredient han de contenir aigua i, com a tercer ingredient, sal. Les millors opcions són el pit de pollastre, el pit de gall dindi, la carn de poltre i la carn de vedella. I ja saps que les carns nacionals sempre seran la millor opció, des d'un punt de vista sostenible i mediambiental. Finalment, sí, podria portar àcid cítric com a conservant sense cap mena de problema.

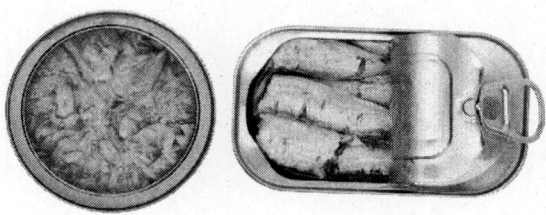

Per comprar un bon peix enllaunat, que, com la carn enllaunada, pot significar una opció salvavides per a aquells dies que volem alguna cosa ràpida i bona, hem de prioritzar les opcions que no siguin de piscifactoria, sempre que la nostra economia ens ho permeti. També hem de procurar que siguin peixos nacionals i, en el cas dels peixos blaus, sempre és més interessant els peixos en zones fredes, ja que són els que han demostrat tenir millor qualitat de greixos amb més contingut en omega-3, com succeeix amb el cas del salmó. Els que han estat pescats amb canya són molt bona opció i millor que els que provenen de la pesca convencional o d'arrossegament, encara que en aquest tipus de pesca avui dia ja estigui regulada la mesura de la xarxa per evitar pescar exemplars petits. En qualsevol cas, hem de potenciar el tipus de pesca més sostenible, que és el de canya.

En aquest tipus d'aliments hem de prioritzar els que continguin més del 80% de contingut de peix; la resta només ha de ser aigua i sal; a més de tot això podria portar, igual que en el cas de les carns, àcid cítric, però res més.

COM COMPRAR SAL I ESPÈCIES

Encara que no ho sembli, comprar una bona sal és una tasca complicada, i això que és un producte que tots comprem i utilitzem pràcticament cada dia. El cas és que, a causa de la deficiència de iode que hi ha a escala nacional, és recomanable comprar sal iodada, que està subvencionada i està a molt bon preu. El iode és un mineral molt necessari per al nostre organisme i, a través de la sal, podem esmenar la possible deficiència de iode que tinguem, que és una cosa molt comuna. No obstant això, si no tenim problemes de iode, l'interessant, segons diferents estudis, l'últim dels quals és el de Greenpeace, és consumir sal de roca.

És difícil aconseguir sal de roca, però comparada amb la sal de llac i la sal marina, és la que té menys quantitat de microplàstics, amb la qual cosa es converteix, sens dubte, en l'opció més saludable. A partir d'estudis fets a escala estatal, com el de la Universitat d'Alacant, podem observar que, dins de les sals marines de qualsevol zona d'Espanya, no n'hi ha cap que estigui lliure de microplàstics, ja que totes tenen de 60 a 280 micropartícules per kg de sal i, encara que sembli poc, això, que no és gens saludable, es va acumulant en el nostre organisme.

Arribats a aquest punt, doncs, t'estaràs preguntant, i ara què? Realment, ja tenim prou consum de sal només amb el que ja tenen de forma natural els aliments que consumim, i no caldria incloure més sal o sodi, llevat que tinguem una gran deshidratació o que siguem esportistes. Així doncs, vigila el consum de sodi i, si ho necessites, opta per una bona sal de confiança iodada; en el cas de no necessitar iode, fes servir una sal marina de la qual tinguis bones referències, per exemple la sal marina de Conca Organics, que és una bona opció, ja que a més de tenir el que hem comentat anteriorment i ser una bona sal marina, no conté microplàstics, cosa que hem de vigilar en les sals marines que consumim. El cas és que sempre serà millor la sal integral o la sal marina que un altre tipus de sal portat de molt lluny, de la qual no tenim els controls suficients per confirmar que la seva qualitat és tan bona com ens intenten vendre.

Pel que fa a les espècies, han de contenir com a únic ingredient aquesta espècie o un mix d'elles. Diferents estudis han demostrat que aquelles espècies que provenen de l'agricultura biològica o ecològica contenen menys quantitat de pesticides i metalls pesants, cosa que cal tenir en compte. Si les comprem en pots de vidre estarem ajudant el medi ambient, perquè podrem reutilitzar l'envàs, cosa que no podrem fer amb els de plàstic.

Evita sempre les espècies que continguin sal afegida, ja que en sol ser el primer ingredient. També has de refusar les que continguin glutamat monosòdic o extracte de llevat, que sol ser comú en mescles d'espècies de mala qualitat. I, finalment, però no per això menys important, evita les que portin sulfits: els solen afegir en aquestes mescles de mala qualitat, també.

COM COMPRAR MENJAR PREPARAT

En aquest apartat ens podríem allargar molt, però, com que en aquest llibre vull anar al gra i ser concís, parlarem de, principalment, dos tipus de menjars preparats que poden ser, o no, saludables. És clar que totes aquestes opcions, si fossin casolanes, serien la millor opció, però si no tenim més remei que comprar-les, perquè no tenim temps, perquè no podem cuinar o pel que sigui, et donaré alguns consells primordials per escollir aquests plats de la manera més saludable possible.

Humus

L'humus ha de contenir, principalment, cigrons, tahina, oli d'oliva verge o oli d'oliva verge extra i suc de llimona. Se li pot afegir després all, remolatxa, pebrot vermell, coriandre, pasta d'olives, cúrcuma, alvocat i mil coses més. D'altra banda, els ingredients que hem d'evitar en un humus són oli de gira-sol (un ingredient molt comú), oli d'oliva (millor que sigui sempre verge o verge extra), oli de palma, sucre o farines (normalment, la de blat). A més, qualsevol altre ingredient, que no he nomenat com a positiu, també hem de rebutjar-lo; i és que, perquè aquests productes tinguin caducitats llargues, se'ls afegeix una gran quantitat d'additius, que realment no aporten beneficis, com acidulants i conservants.

Truites de patates

He d'admetre-ho. M'encanta la truita de patates. I celebro que cada vegada hi hagi més opcions aptes d'aquest aliment al mercat. Analitzem, doncs, què hem de buscar en una truita de patata: patata, és clar, però que aparegui només com a patata i no com a patata fregida (en el primer cas és una opció saludable, però en el segon no). El segon ingredient ha de ser —si no hi ha sorpreses— l'ou i, en tercer lloc, la ceba, si us hi agrada. A més d'això, només l'oli, que sigui d'oliva verge extra, i la sal. Una deliciosa truita de patates no hauria de portar res més. Així que busca aquests ingredients a l'etiqueta, i que siguin de qualitat.

Hem de ser especialment curosos amb el menjar que donem als nostres fills i filles, així que parlarem dels ingredients que, en la mesura del possible, hem d'evitar donar-los. Per exemple, en el cas de les llets de fórmula hem de rebutjar, sobretot, les que continguin olis de gira-sol, ja que és un oli que els més petits no han d'ingerir; el mateix passa amb l'oli de colza. Pel que fa a l'oli de palma, hem de fer un punt i a part. I és que l'oli de palma conté un tipus d'àcid gras molt similar al que s'ingereix a través de la lactància materna i, encara que no sigui un recurs gaire sostenible, és un oli que és necessari en part per als més petits i el seu correcte desenvolupament. Per tant, en aquesta franja d'edat, podem fer una excepció respecte a l'oli de palma. Però continuem amb els ingredients que hem de descartar en aquestes llets de fórmula per a nadons: els sucres, tan comuns i tan poc interessants, nutritivament parlant. Així que res de sucre, lactosa (que és el sucre de la llet) i maltodextrina o dextrosa, que són diferents formes de sucres. Que aquesta llet estigui enriquida amb vitamines i minerals és perfecte. I també és rellevant que, com és lògic, la base d'aquest producte sigui la llet; per la seva banda, que inclogui greix lacti o proteïnes no ens genera problemes. I com t'he comentat quan parlàvem de la llet (per a adults), en aquest cas jo també preferiria una llet de cabra o ovella (que n'hi ha) abans que una de vaca. El que sí que està bé és que continguin probiòtics; aquesta opció em sembla ideal.

Un altre aliment per a nadons que genera molts dubtes són els purés. Us resoldré el dubte: evita'ls. I també els sucs, que són sucre pur. El que has de buscar són purés de verdures o de fruites, que mantenen les propietats de l'aliment, i no la seva aportació de sucre.

COM COMPRAR PRODUCTES QUE CONSUMIRAN PERSONES AMB INTOLERÀNCIES I AL·LÈRGIES

Actualment, les intoleràncies més comunes són les que presentem a continuació:

- Intolerància a la **fructosa** (albercoc, caquis, cireres, prunes seques, xirimoies, dàtils, figues seques, pomes, peres, prunes, raïm, gelea reial, mel, melmelada, begudes ensucrades, pinya o préssec o pera en almívar, dolç de codony, xocolata i begudes alcohòliques com brandi i whisky).
- Intolerància a la **sacarosa** (sucre blanc, sucre moreno, xocolata amb llet, préssec sec, melmelades, galetes, dolç de codony, cereals d'esmorzar de blat, gelats, germen de blat, etc.).
- **Celiaquia** o intolerància al **gluten** (blat, ordi, sègol, triticale, espelta, kamut, alguns tipus de civada).
- Intolerància als **sulfits** (ja tens una explicació dels sulfits en pàgines anteriors).
- Intolerància a la **lactosa** (qualsevol derivat lacti i alguns plats preparats o precuinats o aliments ultraprocessats que porten lactosa com a ingredient).

- Intolerància a la **histamina** (els aliments que més quantitat d'histamina porten són els derivats lactis, les verdures com albergínies, bolets, xampinyons, bledes, carbassa, alvocat, espinacs, tomàquet, albercoc, maduixa, raïm, taronja, préssec, dàtil, etc., i les carns crues o els embotits o les carns cuites, el peix i el marisc, les llenties, els cigrons i les mongetes, les begudes alcohòliques, les farines d'arròs o blat, alguns colorants i algunes espècies, la pastisseria i brioixeria industrial, la clara de l'ou, la xocolata i els vinagres).
- Intolerància a l'**ou**.

Existeixen també **14 tipus d'al·lergògens** diferents que són el gluten, crustacis, ous, peix, cacauets, soja, lactis, fruita seca, api, mostassa, sèsam, sulfits, tramussos i mol·luscs.

- Gluten: cereals com el blat, ordi, sègol, triticale, espelta, kamut, alguns tipus de civada, xarops de glucosa a base de blat com la dextrosa, maltodextrines a base de blat, xarop de glucosa a base d'ordi i algunes begudes alcohòliques.
- Crustacis i productes a base de crustacis.
- Ous i productes a base d'ou.
- Peix i productes a base de peix.
- Cacauets i productes a base de cacauets.
- Soja i productes a base de soja, èsters de fitoestanol, fitoesterols i èsters de fitoesterol, tocoferoles o vitamina E (E-306).
- Llet i els seus derivats, també lactitol i lactosèrum.
- Fruits amb closca, com ametlles, avellanes, nous, anacards, pacanes, nous del Brasil, festucs, nous de macadàmia, nous d'Austràlia, algunes begudes alcohòliques.
- Api i productes derivats.
- Mostassa i productes derivats.
- Grans de sèsam i productes a base de grans de sèsam.
- Diòxid de sofre i sulfits en concentracions superiors a 10 mg/kg o 10 mg/l expressat com a SO^2 (tens tots els ingredients en l'apartat en el qual parlo sobre els sulfits).
- Tramussos i productes a base de tramussos.
- Mol·luscs i productes a base de mol·luscs.

A l'hora d'identificar aquests al·lergògens, podrem observar a l'etiqueta del producte un logo; l'al·lergogen haurà d'anar marcat en negreta o subratllat perquè destaqui entre els altres ingredients en l'etiquetatge d'un aliment.

Moltes d'aquestes intoleràncies són tractables i tenen cura, sempre que no siguin de naixement. Per exemple, la intolerància a la fructosa i al sorbitol és tractable en consulta; és una especialitat que vaig estudiar fa anys i el seu tractament obté molt bons resultats. D'altra banda, en el cas de les al·lèrgies, per exemple, tot i que hi pot haver una part immunològica que és tractable i millorable, molt poques són solucionables al 100%.

Els **14 AL·LÈRGENS** dels quals has d'informar segons la nova llei

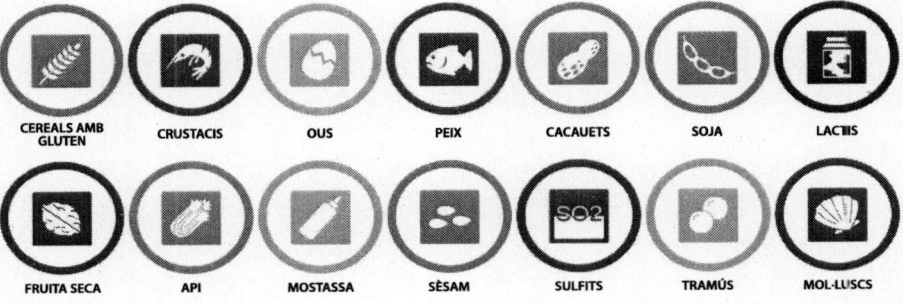

CEREALS AMB GLUTEN · CRUSTACIS · OUS · PEIX · CACAUETS · SOJA · LACTIS

FRUITA SECA · API · MOSTASSA · SÈSAM · SULFITS · TRAMÚS · MOL·LUSCS

La compra als supermercats a l'engròs

La compra en aquests supermercats a l'engròs, com Makro, Gros Mercat (GM Cash) o Comerco Cash&Carry, és una bona opció si som dels que tenim un bon congelador i una bona nevera a casa, o almenys un bon rebost. I és que aquests supermercats són una bona alternativa per comprar productes en grans quantitats; si vols anar-hi per comprar com ho faries al súper de la cantonada, no cal, ja que en productes de mida estàndard, normalment, no ofereixen un millor preu. Ara bé, en productes que poden presentar-se en un gran format, com pastes, formatges, iogurts, carns senceres o de gran mida sí que ens podem estalviar una mica de diners. Pel que fa a les seves qualitats, són les mateixes que les d'altres supermercats estàndards; de fet, solen tenir les mateixes marques, però potser alguna cosa més de varietat, atès que ocupen molta més superfície.

La compra per internet

Molta gent es mostra reticent a comprar menjar per internet per-què no poden veure el producte. Bé, no hauria de ser així: la segure-tat és la mateixa que a la botiga física. Darrere de cada empresa hi ha uns controls de sanitat i de seguretat estrictes. És clar que sempre cal vigilar on comprem, però avui dia, si ho fem en empreses conegudes, no tindrem cap problema.

COM COMPRAR PRODUCTES SUSCEPTIBLES DE PORTAR PARÀSITS O BACTERIS

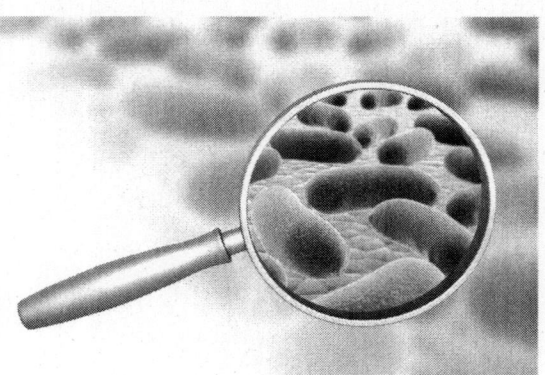

Anisakis

L'anisakis és un paràsit que es troba al peix i als cefalòpodes, com el calamar, el pop, la sèpia, etc. Aquest paràsit pot provocar alteracions digestives i reaccions al·lèrgiques que poden ser greus. Per evitar-ho l'ideal és comprar el peix net i sense tripes o, si no, treure-les com més aviat millor. Una altra opció és cuinar bé l'aliment, a més de 60 graus i durant més d'un minut, per matar el paràsit. Amb quines formes de cuinat podrem matar l'anisakis? Amb la fregida, el fornejat o a la planxa. Finalment, també podem congelar l'aliment a -20 graus i, com a mínim, durant cinc dies.

Listèria

La listèria és una malaltia transmesa per aliments i causada per la *Listeria monocytogenes*, un bacteri que es troba a l'aigua i a la terra. És, principalment, en aliments crus i en processats fets amb llet no pasteuritzada. Els millors consells per evitar la listèria és que consumeixis els aliments precuits i els àpats cuinats tan aviat com sigui possible. També has d'evitar la llet i els productes lactis sense pasteuritzar. L'ideal és escalfar els aliments llestos per consumir i les sobres fins que surti vapor. També és recomanable rentar les fruites fresques i les verdures i evitar les carns i els mariscos fumats poc cuits.

Tènia

La tènia és un paràsit que pot viure i alimentar-se dels éssers humans. La majoria de les tènies necessiten dos hostes diferents per completar el seu cicle de vida (l'hoste és el lloc on l'ou d'un paràsit es transforma en larva: a aquest se l'anomena hoste intermediari; l'altre hoste és el lloc on la larva es transforma en adult: l'hoste definitiu). La tènia bovina necessita el bestiar i els éssers humans per completar tot el cicle de vida. Els ous de la tènia bovina poden sobreviure en el medi ambient durant mesos, i fins i tot anys. Si una vaca, l'hoste intermediari, menja gespa que conté aquests ous, els ous poden incubar-se en els seus intestins. Després, el paràsit jove, la larva, ingressarà al torrent sanguini i es desplaçarà fins als músculs. Allà podrà formar un quist, que és una capa protectora. Si finalment una persona, l'hoste definitiu, menja carn poc cuita d'aquesta vaca, pot desenvolupar una infecció per tènia. El quist larvari es transforma en una tènia adulta. La tènia s'adhereix a la paret de l'intestí, on s'alimenta i pon els ous, que s'expulsen amb les femtes de la persona. Per no contraure la tènia s'ha d'evitar menjar aliments poc cuits de carn de bou, de porc i peix. També s'ha d'evitar el menjar cru o poc cuit, i cal rentar-se les mans i rentar bé les fruites i verdures. Un altre consell és disposar d'aigua neta per rentar el menjar de manera correcta i cuidar la falta de sanejament i tractament d'aigües residuals, que podria augmentar el risc d'infecció.

5 consells clau per a la innocuïtat dels aliments:

1. Mantingues net l'aliment i renta't les mans.

2. Separa els aliments crus i cuits.

3. Cuina bé els aliments a temperatures segures.

4. Utilitza aigua neta i de bona qualitat.

5. Si dubtes de la qualitat d'un aliment, congela'l.

❖ EPÍLEG ❖

Espero que t'hagi estat útil aquest petit llibre sobre com començar a cuidar-nos una mica més amb el que comprem i amb el que mengem. Com ja t'he dit al principi del llibre, la salut comença en el moment que sortim a fer la compra. M'agradaria pensar que he pogut aportar el meu granet de sorra per millorar la teva salut i la de tots els que t'envolten.

Tingues en compte també que no ens hem d'obsessionar amb una dieta (o menjar) perfecta o ideal al 100%, sinó que hem de conèixer millor el que tenim al nostre voltant i el que mengem cada dia. Haver-te llegit aquest llibre t'ajudarà a identificar un fals màrqueting i la poca honestedat que alguns productes presenten davant dels nostres ulls. La informació ens fa poderosos. Amb ella podrem decidir amb coneixement de causa si hem de comprar o no cert aliment i, per tant, cuidar la nostra salut. A més, tota aquesta informació que acabes de llegir t'allunyarà de les urpes del fals màrqueting, que ens fa creure que estem menjant un aliment que ens promet una cosa que és mentida. El coneixement ens empodera i ens enforteix a l'hora de sortir a fer la compra.

Gràcies per haver arribat fins aquí i no oblidis que també som el que comprem!

❖ BIBLIOGRAFIA ❖

(Ordenada per ordre d'aparició)

COLORANTS

Riedle, S. (2014). Dietary titanium dioxide particles and intestinal health: a thesis submitted in partial fulfilment of the requirements for the degree of Doctor of Philosophy in Nutritional Science at Massey University, Manawatu, New Zealand (Doctoral dissertation, Massey University).

Wilson, C. L., Natarajan, V., Hayward, S. L., Khalimonchuk, O., & Kidambi, S. (2015). Mitochondrial dysfunction and loss of glutamate uptake in primary astrocytes exposed to titanium dioxide nanoparticles. Nanoscale, 7(44), 18477-18488.

Jovanović, B. (2015). Critical review of public health regulations of titanium dioxide, a human food additive. Integrated environmental assessment and management, 11(1), 10-20.

Papp, A., Horváth, T., Paulik, E., Nagymajtényi, L., & Vezér, T. (2016). TITANIUM DIOXIDE NANOPARTICLES: APPLICATIONS, ENVIRONMENTAL PRESENCE, AND HEALTH RISK. Proceedings. 18th Danube-Kris-Mures, 10.

Haverić, A., Inajetović, D., Vareškić, A., Hadžić, M., & Haverić, S. (2018). In vitro analysis of tartrazine genotoxicity and cytotoxicity. Genetics & Applications, 1(1), 37-43.

Iheanyichukwu, W., Adegoke, A. O., Adebayo, O. G., Emmanuel U, M., Egelege, A. P., Gona, J. T., & Orluwene, F. M. (2021). Combine colorants of tartrazine and erythrosine induce kidney injury: involvement of TNF-α gene, caspase-9 and KIM-1 gene expression and kidney functions indices. Toxicology Mechanisms and Methods, 31(1), 67-72.

Amin, K. A., & Al-Shehri, F. S. (2018). Toxicological and safety assessment of tartrazine as a synthetic food additive on health biomarkers: A review. African Journal of Biotechnology, 17(6), 139-149.

Cox, C. E., & Ebo, D. G. (2012). Carmine red (E-120)-induced occupational respiratory allergy in a screen-printing worker: A case report. B-ent, 8(3), 229.

Tabar-Purroy, A. I., Alvarez-Puebla, M. J., Acero-Sainz, S., García-Figueroa, B. E., Echechipía-Madoz, S., Olaguibel-Rivera, J. M., & Quirce-Gancedo, S. (2003). Carmine (E-120)–induced occupational asthma revisited. Journal of allergy and clinical immunology, 111(2), 415-419.

Anıl, H., & Harmanci, K. (2020). Evaluation of contact sensitivity to food additives in children with atopic dermatitis. Advances in Dermatology and Allergology/Postępy Dermatologii i Alergologii, 37(3), 390-395.

Sadowska, B., Sztormowska, M., Gawinowska, M., & Chełmińska, M. (2022). Carmine allergy in urticaria patients. Advances in Dermatology and Allergology/Postępy Dermatologii i Alergologii, 39(1), 94-100.

Martins, N., Roriz, C. L., Morales, P., Barros, L., & Ferreira, I. C. (2016). Food colorants: Challenges, opportunities and current desires of agro-industries to ensure consumer expectations and regulatory practices. Trends in food science & technology, 52, 1-15.

Yuvali, D., Seyhaneyildizi, M., Soylak, M., Narin, İ., & Yilmaz, E. (2021). An environment-friendly and rapid liquid-liquid microextraction based on new synthesized hydrophobic deep eutectic solvent for separation and preconcentration of erythrosine (E127) in biological and pharmaceutical samples. Spectrochimica Acta Part A: Molecular and Biomolecular Spectroscopy, 244, 118842.

Agostoni, C. V., Bresson, J. L., Fairweather Tait, S., Flynn, A., Golly, I., Korhonen, H., ... & Verhagen, H. (2010). Scientific Opinion on the appropriateness of the food azo-colours Tartrazine (E 102), Sunset Yellow FCF (E 110), Carmoisine (E 122), Amaranth (E 123), Ponceau 4R (E 124), Allura Red AC (E 129), Brilliant Black BN (E 151), Brown FK (E 154), Brown HT (E 155) and Litholrubine BK (E 180) for inclusion in the list of food ingredients set up in Annex IIIa of Directive 2000/13/EC. Efsa Journal, 8(10).

İlhan, D., & Aki, C. (2009). MUTAGENICITY OF SUNSET YELLOW AND BRILLIANT BLACK IN Vicia faba L. AND Allium cepa L. Fresenius Environmental Bulletin.

Macioszek, V. K., & Kononowicz, A. K. (2004). The evaluation of the genotoxicity of two commonly used food colors: Quinoline Yellow (E 104) and Brilliant Black BN (E 151). Cellular and Molecular Biology Letters, 9(1), 107-122.

SULFITS

Urtiaga, C., Amiano, P., Azpiri, M., Alonso, A., & Dorronsoro, M. (2013). Estimate of dietary exposure to sulphites in child and adult populations in the Basque Country. Food Additives & Contaminants: Part A, 30(12), 2035-2042.

Garcia-Fuentes, A. R., Wirtz, S., Vos, E., & Verhagen, H. (2015). Short review of sulphites as food additives. Eur. J. Nutr. Food Saf, 5(2), 113-120.

Vally, H., & Misso, N. L. (2012). Adverse reactions to the sulphite additives. Gastroenterology and hepatology from bed to bench, 5(1), 16.

Bold, J. (2012). Considerations for the diagnosis and management of sulphite sensitivity. Gastroenterology and Hepatology from bed to bench, 5(1), 3.

ANTIOXIDANTS

Yehye, W. A., Rahman, N. A., Ariffin, A., Abd Hamid, S. B., Alhadi, A. A., Kadir, F. A., & Yaeghoobi, M. (2015). Understanding the chemistry behind the antioxidant activities of butylated hydroxytoluene (BHT): A review. European journal of medicinal chemistry, 101, 295-312.

ESTABILITZADORS

Tobacman, J. K., Wallace, R. B., & Zimmerman, M. B. (2001). Consumption of carrageenan and other water-soluble polymers used as food additives and incidence of mammary carcinoma. Medical hypotheses, 56(5), 589-598.

Weiner, M. L. (2014). Food additive carrageenan: Part II: A critical review of carrageenan in vivo safety studies. Critical reviews in toxicology, 44(3), 244-269.

McKim, J. M. (2014). Food additive carrageenan: Part I: A critical review of carrageenan in vitro studies, potential pitfalls, and implications for human health and safety. Critical Reviews in Toxicology, 44(3), 211-243.

Bischoff, S. C., Bager, P., Escher, J., Forbes, A., Hébuterne, X., Hvas, C. L., ... & Weimann, A. (2023). ESPEN guideline on Clinical Nutrition in Inflammatory Bowel Disease. Clinical Nutrition.

POTENCIADORS DE SABOR

Ataseven, N., Yüzbaşıoğlu, D., Keskin, A. Ç., & Ünal, F. (2016). Genotoxicity of monosodium glutamate. Food and Chemical Toxicology, 91, 8-18.

Azevedo, C. J., Kornak, J., Chu, P., Sampat, M., Okuda, D. T., Cree, B. A., ... & Pelletier, D. (2014). In vivo evidence of glutamate toxicity in multiple sclerosis. Annals of neurology, 76(2), 269-278.

Ganesan, K., Sukalingam, K., Balamurali, K., Sheikh Alaudeen, S. R. B., Ponnusamy, K., Ariffin, I. A., & Gani, S. B. (2013). A STUDIES ON MONOSODIUM L-GLUTAMATE TOXICITY IN ANIMAL MODELS-A REVIEW. International Journal of Pharmaceutical, Chemical & Biological Sciences, 3(4).

Lewerenz, J., & Maher, P. (2015). Chronic glutamate toxicity in neurodegenerative diseases—what is the evidence?. Frontiers in neuroscience, 9, 469.

Onaolapo, O. J., Onaolapo, A. Y., Akanmu, M. A., & Gbola, O. (2016). Evidence of alterations in brain structure and antioxidant status following 'low-dose' monosodium glutamate ingestion. Pathophysiology, 23(3), 147-156.

Shannon, M., Green, B., Willars, G., Wilson, J., Matthews, N., Lamb, J., ... & Connolly, L. (2017). The endocrine disrupting potential of monosodium glutamate (MSG) on secretion of the glucagon-like peptide-1 (GLP-1) gut hormone and GLP-1 receptor interaction. Toxicology letters, 265, 97-105.

Elshaikh, A. A., & Abuelgassim, A. I. Effect of Monosodium Glutamate on Plasma Insulin, Glucose Levels and Toxicity in Rats.

Kohan, A. B., Yang, Q., Xu, M., Lee, D., & Tso, P. (2016). Monosodium glutamate inhibits the lymphatic transport of lipids in the rat. American Journal of Physiology-Gastrointestinal and Liver Physiology, 311(4), G648-G654.

Hamza, R. Z., & Al-Harbi, M. S. (2014). Monosodium glutamate induced testicular toxicity and the possible ameliorative role of vitamin E or selenium in male rats. Toxicology reports, 1, 1037-1045.

Mustafa, Z., Ashraf, S., Tauheed, S. F., & Ali, S. (2017). Monosodium glutamate, commercial production, positive and negative effects on human body and remedies-a review. IJSRST, 3, 425-435.

del Carmen Contini, M., Fabro, A., Millen, N., Benmelej, A., & Mahieu, S. (2017). Adverse effects in kidney function, antioxidant systems and histopathology in rats receiving monosodium glutamate diet. Experimental and Toxicologic Pathology, 69(7), 547-556.

Mondal, M., Sarkar, K., Nath, P. P., & Paul, G. (2018). Monosodium glutamate suppresses the female reproductive function by impairing the functions of ovary and uterus in rat. Environmental Toxicology, 33(2), 198-208.

Kazmi, Z., Fatima, I., Perveen, S., & Malik, S. S. (2017). Monosodium glutamate: Review on clinical reports. International Journal of food properties, 20(sup2), 1807-1815.

EDULCORANTS

Lebda, M. A., Sadek, K. M., & El-Sayed, Y. S. (2017). Aspartame and soft drink-mediated neurotoxicity in rats: implication of oxidative stress, apoptotic signaling pathways, electrolytes and hormonal levels. Metabolic brain disease, 32(5), 1639-1647.

Palmnäs, M. S., Cowan, T. E., Bomhof, M. R., Su, J., Reimer, R. A., Vogel, H. J., ... & Shearer, J. (2014). Low-dose aspartame consumption differentially affects gut microbiota-host metabolic interactions in the diet-induced obese rat. PloS one, 9(10), e109841.

Adaramoye, O. A., & Akanni, O. O. (2016). Effects of long-term administration of aspartame on biochemical indices, lipid profile and redox status of cellular system of male rats. Journal of basic and clinical physiology and pharmacology, 27(1), 29-37.

Kuk, J. L., & Brown, R. E. (2016). Aspartame intake is associated with greater glucose intolerance in individuals with obesity. Applied Physiology, Nutrition, and Metabolism, 41(7), 795-798.

Soffritti, M., Padovani, M., Tibaldi, E., Falcioni, L., Manservisi, F., & Belpoggi, F. (2014). The carcinogenic effects of aspartame: The urgent need for regulatory re-evaluation. American journal of industrial medicine, 57(4), 383-397.

Pandurangan, M., Enkhtaivan, G., & Kim, D. H. (2016). Cytotoxic effects of aspartame on human cervical carcinoma cells. Toxicology Research, 5(1), 45-52.

Lebda, M. A., Tohamy, H. G., & El-Sayed, Y. S. (2017). Long-term soft drink and aspartame intake induces hepatic damage via dysregulation of adipocytokines and alteration of the lipid profile and antioxidant status. Nutrition research, 41, 47-55.

Landrigan, P. J., & Straif, K. (2021). Aspartame and cancer–new evidence for causation. Environmental Health, 20, 1-5.

Hall, L. N., Sanchez, L. R., Hubbard, J., Lee, H., Looby, S. E., Srinivasa, S., ... & Fitch, K. V. (2017, April). Aspartame intake relates to coronary plaque burden and inflammatory indices in human immunodeficiency virus. In Open Forum Infectious Diseases (Vol. 4, No. 2). Oxford University Press.

Maghiari, A. L., Coricovac, D., Pinzaru, I. A., Macaşoi, I. G., Marcovici, I., Simu, S., ... & Dehelean, C. (2020). High concentrations of aspartame induce pro-angiogenic effects in ovo and cytotoxic effects in HT-29 human colorectal carcinoma cells. Nutrients, 12(12), 3600.

y Estereológico, E. C. (2005). Effect of sodium cyclamate on the rat fetal liver: A karyometric and stereological study. Int. j. morphol, 23(3), 221-226.

de Matos, M. A., Martins, A. T., & Azoubel, R. (2013). Effects of Sodium Cyclamate and Aspartame on the Rat Placenta-A Morphometric Study. International Journal of Nutrology, 6(01), 004-008.

Kundi, H., Butt, S. A., & Hamid, S. (2015). Variation in the area of islets of langerhans in sodium cyclamate treated rats. Pakistan Armed Forces Medical Journal, 65(5), 656-659.

De Matos, M. A., Martins, A. T., Azoubel, R., DE MATOS, M. A., MARTINS, A., & AZOUBEL, R. (2006). Effects of sodium cyclamate on the rat placenta: a morphometric study. J Morphol, 24, 137-42.

ALTRES TÍTOLS D'INTERÈS

Amat
editorial

Cuina sana en 10 minuts

Isma Prados

ISBN: 9788497358101

Págs: 112

Cuina sana en 10 minuts no és només un recull de receptes saludables. En aquest llibre el cuiner Isma Prados ens explica quines són les famílies dels aliments, ens ensenya a seleccionar i combinar els millors ingredients, ens suggereix com estalviar temps a la cuina i ens dóna idees per elaborar un menú variat en passos senzills i assequibles. Gaudireu de 35 receptes delicioses i saludables i trobareu consells que us animaran a crear els vostres propis plats complets.

Les tapes de tota una vida

Delfina Palacín

ISBN: 9788497359405

Págs: 80

La Fina del bar La Creu de Tremp deixa els fogons per agafar paper i llapis i explicar-nos cadascuna de les tapes que han servit al llarg de tota una vida.

«Repassar l'oferta de tapes de la Fina i el Pepe fa venir molta gana, i saber que les van anar creant a base d'observació, de pràctica i de dedicació, ens porta a entendre l'acceptació extraordinària que van tenir i el record que han deixat. Tot plegat concorda. Quan la Fina diu que s'han obtingut amb "temps, mesura, gust personal i sentit comú", d'alguna manera defineix el talent sumat a l'esforç», Maria Barbal. Deixa't seduir pels sabors casolans que ens acompanyen des de sempre!